裏側から視る
AI
脅威・歴史・倫理

中川裕志

著

近代科学社

◆ 読者の皆さまへ ◆

平素より, 小社の出版物をご愛読くださいまして, まことに有り難うございます.

㈱近代科学社は 1959 年の創立以来, 微力ながら出版の立場から科学・工学の発展に寄与すべく尽力してきております. それも, ひとえに皆さまの温かいご支援があってのものと存じ, ここに衷心より御礼申し上げます.

なお, 小社では, 全出版物に対して HCD（人間中心設計）のコンセプトに基づき, そのユーザビリティを追求しております. 本書を通じまして何かお気づきの事柄がございましたら, ぜひ以下の「お問合せ先」までご一報くださいますよう, お願いいたします.

お問合せ先：reader@kindaikagaku.co.jp

なお, 本書の制作には, 以下が各プロセスに関与いたしました：

・企画：小山 透
・編集：伊藤雅英
・組版：藤原印刷
・印刷：藤原印刷
・製本：藤原印刷
・資材管理：藤原印刷
・カバー・表紙デザイン：藤原印刷
・広報宣伝・営業：山口幸治, 東條風太

※本書に記載されている会社名・製品名等は, 一般に各社の登録商標または商標です.
※本文中の©,®,™ 等の表示は省略しています.

・本書の複製権・翻訳権・譲渡権は株式会社近代科学社が保有します.
・ JCOPY 〈(社)出版者著作権管理機構 委託出版物〉
　本書の無断複写は著作権法上での例外を除き禁じられています.
　複写される場合は, そのつど事前に (社)出版者著作権管理機構
　(https://www.jcopy.or.jp, e-mail: info@jcopy.or.jp) の
　許諾を得てください.

まえがき

　AI [1] の有用性，必要性から脅威論に至るまで AI に関する多くの言説が溢れている．しかし，有用性や必要性を宣伝するニュースや書籍は AI の負の側面についてはあまり語らない．一方，AI の脅威を訴えるニュースや書籍は AI の仕組みの危うさばかり強調する傾向が強い．本書は，あきらかに後者のタイプの書籍である．AI についての筆者の 40 年にわたる付き合いからすると，AI の裏側つまり負の側面からみたほうが本質がみえるという経験から本書の執筆を思い立った．もっとも，負の側面ばかり強調して否定するだけでは暗くなる一方であり，無力感で埋め尽くされてしまうだろう．そこで，基本的には負の側面から描くが，なぜその側面が負の効果をもたらすのかを分析し，そのうえでこういう考え方で対処すれば未来は開けるのではないかというヒントを与えるような形式にした．というのは，筆者にとっても，こうすれば AI の未来は明るいという絶対的処方箋は未だ見いだせていないが，問題点は理解しておりひょっとすると良くなるかもしれないという小さなアイデアはいくつか持っている．このような背景から，現状の AI に対してできるだけ正直な記述を試みた．

　以下に各章のポイントを説明する．章は独立した内容になっているので，以下のポイントによって興味を持っていただいた章をいきなり読んでいただいても結構である．

　第 1 章では「シンギュラリティ」という言葉で人々に知られることになった AI の脅威論にとって，とても不都合な真実を述べる．つま

1　本書では，Artificial Intelligence すなわち人工知能をすべて AI と記すことにする．

り，シンギュラリティによるような AI の脅威はほとんどありえない
ことを説明する．ただし，ノア・ハラリが著書『ホモ・デウス』で導
入した「人類はデータを駆使して繁栄する少数のホモ・デウスとその
他大勢の無用者階級に差別的に分化する」というアイデアは深刻な
テーゼであるとしつつも，これまたその誤謬を追求する．

第 2 章は，AI に奪われない人間の職業の提案の不都合さを次々と
明らかにしていく．筆者の意図は，この分析を通して，なぜ人間の職
業が AI に奪われるのかという仕組みを知っていただき，読者の方に
はその上を行く解決策を考えてほしいという点にある．

第 3 章は，そもそもこのような問題を引き起こす AI とはどのよう
な経緯で発展してきたのかを概観する．AI の発展の歴史自体が苦難
の連続で，浮き沈みの激しいものであった．この歴史に第 1 章，第 2
章の内容を重ね合わせていただき，未だ見つかっていない AI の時代
に対処する方法論を見出してほしい．

第 4 章においては，現代に存在する大したことができそうもない
「弱い AI」ですら，人間社会にいろいろな不都合や脅威を与えている
事例を紹介する．具体的にはフラッシュクラッシュ，プロファイリン
グ，フィルターバブル，フェイクニュース，そして AI 兵器について
説明するが，これらの問題に対する対処方策はほとんど明らかになっ
ていない．おそらく技術的な枠組みでは対処しきれず，社会制度，法
律などを総動員して対処し続けなければならない“慢性病の状態”で
あることを説明する．AI のもっとも不都合な部分である．

第 5 章は，いわゆる AI 倫理とよばれる分野で，AI 設計と運用にお
いて重要な概念であるアカウンタビリティ，トラスト，フェアネスに
関して述べる．この章は技術的解決策ではなく，社会制度や常識から
AI の不都合を克服しようとするメタレベルの議論である．

5 章最後の 5.5 節“AI 倫理の将来向かう方向”は，実は本書のネ
タバラシである．最近各所から公開されている AI 倫理指針のおさら
いなのだが，筆者自身これらの指針に深く影響を受けて本書を執筆し
ている．そこで扱っている IEEE Ethically Aligned Design や総務省の
AI ネットワーク開発原則，内閣府の人間中心 AI 社会原則に関して

は，筆者も検討会議に参加し，わずかではあるが作成に寄与した．そこでは AI 開発者だけではなく，AI を利用する企業の方々，法律系の方々との議論を通じて AI に対する見方を拡げることができ，その結果として本書の執筆にこぎつけたと言っても過言ではない．章末に主要かつ影響力の大きな AI 倫理指針の概要をまとめたので，これらの内容と本書の記述を比較しつつ，本書の内容を批判的に読んでいただきたい．

　AI は人間の知的好奇心，経済的成功を目指す欲，予想外の社会的影響などが絡まりあった人間社会の縮図のような構造をしているが，そうであれば人間にもそれなりに乗りこなす術があるのではないだろうか．本書がそのためにわずかでもヒントになれば，筆者にとっては望外の幸せである．

2019 年 9 月

中川裕志

目　次

まえがき ………………………………………………………………………… iii

1　AI 脅威論：概念編

1.1	カーツワイルの言う「シンギュラリティ」 ……………………………… 2
1.2	ボストロムの言う「超知能」 ……………………………………………… 4
1.3	ユヴァル・ノア・ハラリの言う「ホモ・デウス」 ……………………… 8
	1.3.1　狩猟採集経済の時代 …………………………………………… 8
	1.3.2　農業経済の時代 ………………………………………………… 8
	1.3.3　人間至上主義の時代 …………………………………………… 9
	1.3.4　アルゴリズムとデータ至上主義の時代 ……………………… 10
	1.3.5　近代的自己の概念の崩壊 ……………………………………… 11
	1.3.6　利己的なデータ ………………………………………………… 11
1.4	意識とデータ ………………………………………………………………… 12
	1.4.1　生命体はデータ処理するアルゴリズムか？ ………………… 12
	1.4.2　意識と知能 ……………………………………………………… 13
	1.4.3　養老孟司の見方 ………………………………………………… 15
	1.4.4　記号接地問題とフレーム問題 ………………………………… 17
1.5	無用者階級の存在意義 ……………………………………………………… 19
	1.5.1　生物的多様性の確保 …………………………………………… 19
	1.5.2　文化的多様性の確保 …………………………………………… 20
	1.5.3　民主主義と自由主義 …………………………………………… 21
	1.5.4　陰鬱な未来 ……………………………………………………… 21

vii

2 AI 脅威論：現実編 23

2.1 知的な職業が危ない 24

2.2 AI に脅かされないと言われている職業は本当に大丈夫か 31

2.2.1 データ依存の仕事 31
2.2.2 AI をビジネスで活用する仕事 32
2.2.3 AI とビジネスの橋渡しの仕事 33
2.2.4 AI の動作や結果を説明する仕事 35
2.2.5 人間対応の仕事 36
2.2.6 AI を導入しても経済的でない仕事 37
2.2.7 AI システムを開発する仕事 39
2.2.8 人間に対して責任を負う仕事 39
2.2.9 その他の職業 40

2.3 職業が奪われた後のこと 42
2.3.1 ベーシックインカム 42
2.3.2 忘れられる技能 43

2.4 本章の最後に 44

3 AI 技術の簡略史 45

3.1 AI と IA 46

3.2 最初の夏と冬 47
3.2.1 ダートマス会議 47
3.2.2 第 1 次 AI ブーム：論理学を基礎にする AI 47
3.2.3 1 回目の冬の時代：基礎ツール開発の時代 48

3.3 二度目の夏と冬 49
3.3.1 エキスパートシステム 49
3.3.2 エキスパートシステムの問題点 51
3.3.3 論理学を基礎に置く AI の挫折 52

viii

3.3.4　2回目の冬の時代：インターネットとデータ ………… 54

3.4　三回目の夏 ……………………………………………………………… 57
　　3.4.1　第3次AIブームその1：機械学習とデータマイニング … 57
　　3.4.2　第3次AIブームその2：深層学習 ……………………… 60
　　3.4.3　深層学習の先行きは不透明 …………………………… 64

3.5　ロボットにおける包摂アーキテクチャの提案 ………… 66

3.6　未解決問題 ……………………………………………………………… 67
　　3.6.1　記号接地問題 ……………………………………………… 67
　　3.6.2　フレーム問題 ……………………………………………… 69
　　3.6.3　人間は解いているのか？ …………………………… 70
　　3.6.4　不都合な現実 ……………………………………………… 70

3.7　今やらなければいけないこと ……………………………… 72

A.1　付録　AIの仕組みの詳細説明 …………………………… 76

4　AIの不都合な現実　　83

4.1　フラッシュクラッシュ ……………………………………… 84
　　4.1.1　異常状態の予測検知システム ……………………… 87

4.2　プロファイリング ……………………………………………… 89
　　4.2.1　企業内名寄せ処理 ……………………………………… 90
　　4.2.2　組織をわたる名寄せ ………………………………… 92
　　4.2.3　サービス差別化 ………………………………………… 94
　　4.2.4　ランキング ……………………………………………… 95
　　4.2.5　不正確なプロファイリング ……………………… 96
　　4.2.6　プロファイリングに対する法制度 ……………… 97
　　4.2.7　追跡拒否 ………………………………………………… 98
　　4.2.8　忘れられる権利 ………………………………………… 99

4.3　プライバシー保護 ……………………………………………… 101
　　4.3.1　技術的解決策 …………………………………………… 101
　　4.3.2　仮名化 …………………………………………………… 102

4.3.3	匿名化	103
4.3.4	副作用：濡れ衣	104
4.3.5	制度的解決策：同意	106
4.3.6	オプトアウトと AI エージェント	107
4.3.7	同意の非対称性	109
4.3.8	気を許すと危ないケース：家族	110
4.3.9	気を許すと危ないケース：コンパニオン・ロボット	110
4.3.10	気を許すと危ないケース：IoT	112
4.3.11	グループ・プライバシー	112
4.3.12	プライバシーの個人性	113
4.3.13	プライバシー暴露能力を人工知能の能力として 持つべきか	115

4.4　インターネット中世の暗黒時代 … 116

4.4.1	フィルターバブル	117
4.4.2	フェイクニュース	119

4.5　軍事利用 … 121

4.5.1	AI の倫理との関係	122
4.5.2	自律型 AI 兵器	123
4.5.3	グループをなす自律 AI 兵器	124
4.5.4	戦争の倫理	125
4.5.5	AI 倫理指針との関係	126
4.5.6	デュアルユース	129
4.5.7	軍事用から民生用への流れ	130
4.5.8	民生用から軍事用への流れ	130
4.5.9	軍事用と民生用の境界の曖昧化	131

5　AI 倫理の目指すもの　135

5.1　透明性と説明可能性 … 136

5.1.1	透明性（Transparency）	136

5.1.2　説明可能性（Explainabilty）……………………………………137

5.2　アカウンタビリティ ……………………………………………140

5.3　トラスト ………………………………………………………144

5.3.1　医師の例…………………………………………………145

5.3.2　AI のトラスト ……………………………………………146

5.4　フェアネス………………………………………………………149

5.4.1　公平性……………………………………………………149

5.4.2　バイアス再考………………………………………………154

5.4.3　アンフェア …………………………………………………154

5.5　AI 倫理の将来向かう方向 ………………………………………157

5.6　最後に …………………………………………………………163

A.2　付録　各倫理指針の項目の要約 …………………………………165

索引…………………………………………………………………………173

AI 脅威論：概念編

この章では巷で「**AI 脅威論**」と呼ばれているもののうち，将来起こるかもしれない AI の脅威について説明する．将来の可能性ということは，とりもなおさず概念的な脅威と考えられる．具体的には**カーツワイルのシンギュラリティ，ボストロムの超知能，ハラリのデータ至上主義**を中心に説明する．

1.1 カーツワイルの言う「シンギュラリティ」

シンギュラリティという言葉を一般の人々が知るようになって十数年経つが，その意味はバラついていた．AI の能力が指数関数的に向上するモデルを想定すると，それまで遅々としていた発展が，ある時点すなわち技術的特異点を境に瞬時の間に無限大に向かって増長する．この "ある時点" をシンギュラリティと呼び，これが日本語訳では「技術的特異点」となる．技術的特異点で AI の能力が指数関数的に向上するのはなぜだろう？　これは，AI が自分自身を強化する能力を持つからだと説明される．つまり，

$$
\text{最初の AI} \to \text{強化 AI} \to \text{強化（強化 AI）} \\
\to \text{強化（強化（強化 AI））} \to \cdots \qquad (1.1)
$$

ということが起こり，仮に 1 回の強化が AI の能力を 2 倍にするなら，N 回の強化で AI は最初の能力の 2^N 倍の能力を持ち，N が大きくなるとその能力は比ゆ的にいえば爆発することになる．

本当にこのような爆発が起こるのだろうか？　どこかで頭打ちになるのではないだろうかという疑問が生じる．そのような頭打ちはないと主張したのがレイ・カーツワイルである．カーツワイルの主張はこうである［1］．ある技術的側面は指数関数的な向上が物理的制約などで頭打ちになることはあるだろう．しかし，強化された AI は別の技術的側面を見つけ出し再び指数関数的な向上の状態に戻る．つまり図 1.1 のような状態になる．

例えば，単体の CPU の速度改善が半導体の密度向上の限界で頭打ちになったとしても，次は並列化の方向で改善を目指すような例が考えられる．賢くなった AI は別の技術的側面を探す能力も改善しているから，このような指数関数的強化の継続が可能であろうとカーツワイルは言う．

さらにカーツワイルは人間と AI の融合を想定してくる．

2　第 1 章　AI 脅威論：概念編

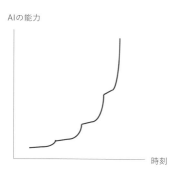

図 1.1　AI 能力の指数的上昇

1) まず人間の遺伝子操作を行い，無限の寿命を得る．
2) さらに知的能力をもつカーボンナノチューブからなるボット[1]を大量に血流に放つことで，これらの血液中のボットが病気を直してくれる．
3) 脳にいるボットは脳の外側の知識すなわちインターネット上に蓄積されている知識，例えば Wikipedia の百科事典知識などを直接脳に通信してインプットし，膨大な知識を努力せずに得られる．

　こういった技術によって，人間のサイボーグ化を実現できるとしている．しかし，現在の技術では実現性は低い．とくにカーボンナノチューブのボットは開発が困難である．まして，ボットによる脳へのダイレクトな知識注入は，あるまとまった知識を単一ないし少数のニューロンが担っていて，その所在が確実に突き止められるのでもない限り実現方法がイメージできない．そういった実現性の極めて疑わしい技術の延長線上に人間や宇宙を支配する超 AI があると言われても，その信憑性は疑わざるをえない．

---

[1] カーツワイルは血球と同程度の大きさのロボットをこのように呼んでいる．

1.2 ボストロムの言う「超知能」

カーツワイルの技術的実現性の低い提案に対して，ボストロムは哲学的な考察によって現在想定可能な AI の発展形として「超知能」を提言した［2］．まず，AI が進化して人間並みの知能を持つ AGI（Artificial General Intelligence：汎用 AI）ができる．AGI は自分を改善する能力があるので，加速度的に進化する．その結果，たどり着くのが超知能である．

ボストロムは現代の AI の延長線上の超知能と脳アーキテクチャのコピーによる超知能を理論的に考察した結果，(1.1) 式に示したように AI ないし AGI の自己強化能力がフィードバックを指数関数的に加速すると，他の AI ないし AGI を大きく引き離した知的能力を持つ単一の支配的な超知能が出現する可能性があるとしている．ボストロムは用心深く，あくまでも超知能は絶対出現するわけではなく，可能性がゼロではないということに留めている．しかし，もし超知能が出現すると当然，人間には対抗する術がないほど強力であり，人間を支配しようとする可能性があるというのがボストロムの脅威論であり，当初人々の間に広まった AI 脅威論の源泉となった．そして，超知能の可能性がゼロだと証明できない以上，人間に敵対的な超知能が出現しないようにする方策を今からしっかり考えておくべきだと主張している．

ボストロムによれば，現代のソフトウェアを基礎に発展した AI ないし AGI は，人間的な倫理を持つ保証をもたない．これは，人間の倫理の源泉となる感情や個体が個別に持っている感覚[2]（クオリア）の実態が不明であり，それらが組み込まれることなく AI ないし AGI の機能だけが増強されているからである．したがって，AI ないし

---

2 感覚を人間一般に共通のものとして定義することはできていない．例えば，痛みという感覚は個人においても非常に多様であり，他人の痛みと同じ感覚と言うのは困難である．また，辛いときに感じる痛みは実際にある部位に生理的な痛みを感じるようでもあり，脳内の感覚だけのようなこともある．よって，他人の痛みは頭では理解できても，感覚としては感じることができない．

4 第 1 章 AI 脅威論：概念編

AGIには人間が持っている感情，またそのような感情に基礎づけられた倫理観を持つことは期待できない．

一方，人間の脳の構造を直接的に模倣しようという流れもある．個々の神経から模倣しようとする細密なコピーから，確定的な機能単位で模倣しようとする全脳アーキテクチャ[3]のようなものまで幅広い研究が進められている．こういった人間の脳と同型な構造を持つAIであれば，自動的に感情やクオリアも備える可能性があり，それらが発達して超知能となったとしても人間的な倫理をもつことが期待できるとしている．そして，超知能が人間と同じような倫理観を持ってくれれば，人間と共存できるのではないかという期待を表明している．

ただし，身体的な運動や感覚が人間の知的能力の重要な要素であるという，いわゆる「身体性」はまだまだ難しい．というのは脳と身体をつなぐ神経系統の構造が絶望的なほど難しいからである．そうなると，ソフトウェアから発展したAIでも神経単位で模倣するアーキテクチャでも全脳アーキテクチャでも，人間と同じような身体性にたどり着ける可能性は低く，人間のような感情や感覚，すなわちクオリアは実現しないかもしれない．

ボストロムは人間を支配するような敵対的な超知能をうっかり開発しないように現在の研究の進め方に警鐘を鳴らそうという主張をしている．しかし，このような超知能の出現の確率は，現在のAIの研究にタガをはめなければならないほど高いのであろうか？　以下では，この出現確率が非常に低いことを説明したい．

例えば，ある情報環境で進化していくAI[4]にとっての生き残りには二つの方法がある．

方法1：このAIが故障したり電源を切断されないようにする．ただし，経年劣化による故障や停電による電源切断はいつもありうる．そこで定期的に全く同じAIのコピーを作って上記の不測の事態に備える方法がある．このAIが存在する情報環境以外では，その情報環

---

3 https://wba-initiative.org/wba/

4 以下のような進化や発展ができるAIは，すでに述べたAGIである．

境への適合が完全ではないことから，必ずしも無敵ではないかもしれない．

方法2：このAIをオリジンとするAIのコピーを大量に生成し，異なる環境にコピーを残す．これらのAIたちは環境に適応した異なるAIになるが，オリジンが1個なので1個のAI種族となる．しかし，そうすると同程度の基本的能力を持ち，各自の環境に特化して進化したAI種族が群雄割拠してしまい，単独のAIが他の環境のAIを全て打ち負かして，単独で支配することは考えにくい．つまり，ある環境に適応して最適に進化したAIは，別の環境に適応して進化したAIに対して，お互いに相手の環境では勝てないであろう．さらに，各環境に生息するAIは別の環境では自身より強い同種族のAIが存在することも知っているはずである．他の環境のAIと無理に戦えば負けて消滅するかもしれない．あるいはそのような例があれば，当然，他のAIたちはその状況を観察している．よって，危険を冒して戦うよりは，それぞれの情報環境を確保したうえでの共存を図るほうが生き延びる確率は高い．こうして群雄割拠したAIたちはある種の均衡状態になる[5]．換言すれば，全世界を支配する単一の超知能が出現する可能性は低い．高橋恒一は文献［3］で同じような結論をより精密な分析で導いている．そういった超知能と人間の共存する社会のイメージや脅威を現在はまだ描くことができないし，昔から続くSFの世界の話以上のことは当分想定できない．

では群雄割拠したAIと人間の関係はどうなるのであろうか？　上で述べたように，AIは異なる情報環境に存在する知的存在を警戒して容易に襲ってこない．人間は少なくとも身体的な運動と感覚，クオリアでAIとは異なる情報環境にいるわけだから，簡単には襲ってこないだろう．さらにいえば，人間がAIにとってミステリアスな部分を持った存在であり続けるなら，AIと人間は共存する可能性が高いが，はたして，そうなのだろうか？　このような視点から歴史的な分

---

5 このような均衡状態はまさに人類が人種や文化，さらには国家として有史以来築いてきた世界に相似している．

析を行ったのが次に述べるノア・ハラリである．だが，ノア・ハラリ
の言説を説明する前に，人間と超知能の間の別の関係を考察しておこ
う．

　別の関係とは，超知能が出現したとき，人間はそれに気が付くこと
ができないという関係である．この関係になった場合も 2 つの可能性
がある．

　第一の可能性は，超知能[6]が彼らにとって厄介な人間から自分たち
の能力をわざと隠す場合である．つまり，たいしたことがない AI の
ように見せかけて実は超知能の能力を持っている．この場合，超知能
は人間と敵対するのではなく，人間をそれと気づかせずに彼らの都合
の良いように操ることがありえる．例をあげれば遺伝子と人間の関係
のようなものである．つまり，人間は，自分たちが生き残るために遺
伝子を利用して次世代へ情報伝達していると考えている．しかし，実
は遺伝子という情報自体が生き残るために，人間という乗り物をとっ
かえひっかえ使っているという考え方[7]もできる．つまり，情報にそ
の本質がある超知能は，遺伝子が人間を使うように，自分たちが生き
残るないしは発展するために人間を使うと考えられる[8]．

　第二の可能性について述べよう．今まで，我々は AI や超知能を擬
人化して考えてきた．これは AI を人間のような能力をもつプログラ
ムとして開発しようとした当初の意図からみて当然である．しかし，
超知能がその意図から外れて進化したら，超知能を擬人化して捉える
ことができなくなるかもしれない．まったく人間の想像を超えて進化
した超知能はその存在すら人類は知ることができない．この第二の可
能性は第一の可能性と同時に起こるかもしれず，その場合，人間は知
らないうちに AI あるいは超知能の奉仕者になっているわけである．

6　必ずしも単一の超知能ではなくてもよい．進化して群雄割拠する AI たちでもよい．

7　利己的な遺伝子と呼ばれる考え方．

8　ひょっとすると，すでに AI が進化するために人間が使われているのかもしれない．

1.2　ボストロムの言う「超知能」　　7

1.3 ユヴァル・ノア・ハラリの言う「ホモ・デウス」

　前節の延長線上で考えると，端的に言えばノア・ハラリは人間を超えた存在としてデータをもってくる．そこにいたる道筋を文献［4］に書かれた内容に沿ってまとめてみよう．

1.3.1 狩猟採集経済の時代

　ホモ・サピエンス，すなわち人類は誕生してしばらくは狩猟採集で生き延びていた．周りには人間より強い動物がいたし，かんばつ，洪水などの自然災害にも晒されていた．したがって，これらの自然現象に畏敬の念をいだき，自然界のモノゴトに超能力を見出すアニミズム[9]が創出された．個別のアニミズムは個人や少人数グループによって行われている狩猟採集では，そのグループ内部だけで閉じてしまう．良い狩場などの情報はグループ内の口伝による伝承だけで十分であり，文字は必要なかった．

1.3.2 農業経済の時代

　やがて農業革命が起きると，農産物生産に必要な大規模灌漑事業が必要になった．これは多くの人々を統一的な指揮の下で働かせなければできない規模の事業である．そこで必要になったのは権威と情報伝達機能である．王様ないし王家は武力だけで国民全体を押さえつけるのは無理だったことに注目しよう[10]．そこで，より継続的な権威として導入されたのが一神教の神である．一神教だけにその教えは永続的な絶対的権威であり，王様が神の代理人という立場になれば，その権威にモノを言わせて多数の国民を動員して，長い時間をかけて灌漑のような大事業を行うには適していた．もう一つの問題は，事業を行う

9　生物，無生物を問わず身の回りのすべてのものに霊が宿っているという考え方．霊は神と考えられることもある．

10　武力だけで国民を押さえつけることに成功したらしいのは，私が知る限りでは古代ギリシアのスパルタくらいである．

ための長期間有効な指令系統の確立である．これは狩猟採集時代のような口伝による伝承では限界がある．そこで利用されたのが文字[11]である．文字は均質な命令伝達を空間時間を超えて行うのに適した情報伝達手段であった．神と文字による人類支配は非常に強力だったので，これは15世紀のルネサンスより後まで続くことになる．

1.3.3　人間至上主義の時代

だが，やがて神を絶対視することに疑問を持つ人々が現れた．なにしろ，その人々は絶対的権威を追い落とそうというのだから，よほど注意深く発言しなければ迫害されることになる．この変革を最も効果的に行ったのがデカルトである．デカルトは自らを敬虔なキリスト教徒としつつ，「我思う，故に我あり」と一神教の本質をひっくり返すような発言をした．つまり，人間の存在は人間の中にこそあって，神様に依存しているのではないと言い放ったのだ．デカルトの心身二元論は「心は自分という人間のもの」「身体は神様から頂いたもの」という言い逃れで，一神教の原理主義者たちを欺いたのではないだろうか．実は心身二元論は後々問題になるのだが，それはさておき，個人としての人間がモノゴトの中心にいるという人間中心主義の時代に突入したわけである．言い換えれば，神を棚上げにして，自分の自由意志による判断を優先し，社会はその自由意志を持つ多数の人間の判断結果，つまり選挙によって選んだ為政者によって動かしていくという民主主義の時代の到来である．ただし，ノア・ハラリは，民主主義といっても個の自由意志を最大限に尊重する個人主義を強調しており，「人間至上主義」と命名している．人間至上主義が広まることによって，個人は思想的に自由な活動を行うことができ，その所産として生まれた科学技術や産業によって人類の社会は劇的に変化した．

ところが21世紀になり社会に流通するデータ量は爆発的に増大し，いわゆるビッグデータが出現し，それを扱うアルゴリズムとして

11　文字はそのために発明されたか，あるいはすでにあったものを指揮系統の手段として活用したのかは分からない．

AIが表舞台に出てくると事態は再び変化する．まず，考えられるのは，人間至上主義の根幹にある自由意志によって人々がビッグデータやAI技術を駆使し活用する産業や社会の変化である．ビッグデータやAIを駆使してビジネスとして成功させるには当然，資本も必要である．単純に自由意志があるだけではビッグデータやAIの利活用はできない．ということは，ビッグデータ，AIを扱う先進的スキルの保持者あるいはスキルの保持者を働かせる資本を持った少数の人々と，それ以外の大勢の人々に分化し，格差がどんどん拡大していく．ノア・ハラリは前者をホモ・デウス，後者を無用者階級と呼ぶ．これは人間至上主義をテクノロジーで武装した構造なのでテクノ人間至上主義と呼ぶ．

1.3.4 アルゴリズムとデータ至上主義の時代

　ところがノア・ハラリは，これではまだ本質にたどり着いていないと説く．人間至上主義ではそれ以上に分割できない個人の心身と自由意志を依然として最高位に置いている．ところが最近の生命科学の進展によって心や自由意志はデカルトが棚上げにした神と同じように実態のないものであることが分かってきたと説く．はっきりしているのは，人間は遺伝子によって脳を含む身体的枠組みが決まっていて，これを動かすダイナミックスをアルゴリズムとみなす．個人を特徴づける脳あるいは身体の動きを司るアルゴリズムにその人の誕生以来，外部環境から入力されたデータによってその人は支配されているというわけだ．仮に自分の自由意志で何かの判断をしたように思っても，実はデータとアルゴリズムの組合せで起こったというのが本質だというデータ至上主義になる．つまり，デカルトの心身二元論はここで崩壊し，アルゴリズムとデータの二元論に席を譲ることになる．ただし，二元論とは書いたが，デカルトの心身二元論が心と身体が断絶したことに比べて，アルゴリズムとデータは両者が断絶しているわけではない．アルゴリズムとデータは独立ではないことが多い．例えば，AIでは学習用に使われたデータによってアルゴリズムが変化することが散見される．

1.3.5　近代的自己の概念の崩壊

近代的自己は自分の意思によって自分の行動を決定できる，つまり完全な自己決定権をもつ存在と設定された．よって自分の行動には自分が責任を持たなければいけない．近代的な刑法の考え方は，自由意志によって行った行動の結果は自分で責任を取るという原則に依拠していた．したがって，自由意志をもつ近代的自己という設定が崩れると，刑法の前提が揺らぐことになる．

1.3.6　利己的なデータ

生命体の身体や脳をその場その場で動かしていくのがアルゴリズムだとしよう．遺伝子に記載されているのは，この具体的アルゴリズムそのものではなく，アルゴリズムの作り方，いわばメタアルゴリズムである．加えて，個人の遺伝子も外部環境から入力されたデータで変化する可能性が示唆されている．子供の遺伝子は両親の遺伝子の選択的組合せだが，子供ないし後続世代に残る遺伝子の質を向上させることができる異性のパートナーを探すように遺伝子が介入しているようである．これが，本質は遺伝子で身体は乗換え可能な乗り物という「利己的な遺伝子」という考え方になる．

生命体がアルゴリズムであり，アルゴリズムの食べ物が生命体の外部環境あるいは生命体内部[12]からのデータであることに異論の余地はない．アルゴリズムの処理結果のデータは個人から離れて会話や文書によって他人に伝わったり，外部記憶媒体やインターネットを経由してさらに広い領域に拡散する．データはこのような拡散によって，はじめて多くの人々あるいは計算機やAIによって有効利用される．その結果，新たなデータを拡大再生産していく．このことをノア・ハラリは「データは自由になりたがっている」と記述する．つまり，データが本質でアルゴリズムや生命体は乗換え可能な乗り物である．利己的な遺伝子との比喩で言えば「利己的なデータ」といえる．ノア・ハラリはこの状況をデータ至上主義，あるいは宗教になぞらえて「デー

12　身体の状態あるいは脳内の記憶がデータの提供源になる場合．

タ教」と呼ぶ．利己的なデータあるいはデータ教の支配する世界では，人間至上主義で考えられていたような自由意志を持つ人間は，実は虚構であって，データの乗り物以上にはなれず，主役の座から降ろされてしまうことになる．人間が主役の座から追い落とされた暗い未来が現実化するのかどうかの議論のタネとして，ノア・ハラリは文献[4]の最後で次のような三つの問い掛けをしている．

1) 生命体はデータを処理するアルゴリズムにすぎないのか？
2) 知能と意識のどちらに価値があるのか？
3) 意識を持たない高度な知能を備えたアルゴリズムが，人間の個人よりもよくその個人のことを知る[13]ようになったとき，社会や政治や日常生活はどうなるのか？

1.4 意識とデータ

前節の三つの問い掛けを考えてみよう．

1.4.1 生命体はデータ処理するアルゴリズムか？

1) の問い掛けは，神経レベルの動作というミクロレベルと人間社会というマクロレベルで見た場合にはYesである．ただし，これらの場合だけを扱ったのでは，上記のミクロレベルとマクロレベルの中間レベルすなわち意識を持つ個人に対する議論が抜け落ちてしまう．したがって，個人という単位で見た時に意識や自由意志を神と同じように実態がないものとして葬りされるかどうかが問題である．それが2) の問い掛けにつながる．

---

13 この部分を少し言い換えて「データとアルゴリズムの組合せ，つまりAIは自分よりもよく自分のことを知っている」とすると，実感が湧く読者の方もおられるかもしれない．

1.4.2　意識と知能

2）の問い掛けは「価値」という言葉の定義によって変わってくる．神経のようなミクロレベルの価値は主に生命科学者が考える価値だろうし，経済のようなマクロレベルの価値は主に経済学者や政治学者のテリトリーに属することだろうから，これらは分野の専門家にお任せし，個人というレベルで考えてみる．

個人にとっての価値の基本である個体の生存や種の保存は神経レベルないし遺伝子レベルの価値であり，ミクロレベルの価値に近い．問題は個体の生存や種の保存より上位[14]に位置し，かつマクロレベルよりは下位のレベルにおける価値である．個体保存に端を発する衣食住の満足度を目的にする価値は，複雑な様相をもっている．個体保存に限ってみても美食を優先するか，健康を優先するかという葛藤があり，その判断は個人の経験と社会状況で変わってくる．ノア・ハラリによれば，これらの要因はすべてデータによっているので，人間はデータの言うとおりに動いているだけだとされる．しかし，彼は微妙なことを言っている．文献［4］の下巻 105 ページではアルゴリズムとデータによる決定論に加えて多少のランダム性が残っているとしている．データとアルゴリズムが決定論的に働くならランダム性の出番はまったくないはずであり，多少の矛盾がある．また，同 243 ページには人間は健康と幸福を追求すると記載されている．健康は医学的に定義できるが，幸福は定義が難しい．つまり，ある状態を幸福と感じるかどうかは個人によって異なる．この個人による差異を認識するレベルの候補として「意識」が表舞台に出てくる．

問い掛け「知能と意識のどちらに価値があるのか？」において，知能はアルゴリズムやデータによって客観的に定義できる．収入が多いほど良いというような目的関数による価値づけができれば，知能全体という枠の内部で知能 A は知能 B より価値があるという比較はできそうである．しかし，幸福はそう単純ではなく，例えば，年収 200

---

14 「上位」という言い方は語弊があるかもしれない．ここでは，生物本能のレベルに対して知識や論理を扱うレベルを上位と言うことにした．

万円の人は，100円単位での損得に敏感なので，ある品物を100円安く買えれば高い幸福感が意識される．一方，年収数億円の人は百万円単位の損得には敏感だが，それ以下の金額の損得には興味を持たないだろうから，100円安く買えても幸福感は意識されない．このように，幸福という価値の定義は個人によって異なる．そして，この例のように幸福の価値の定義によって，同じモノゴトでも，異なる意識が現れてくる．100円安いという情報は知能で処理されるが，その価値を測る幸福感という物差しは個人の意識上の価値観に左右される．このように，知能と意識は無関係ではなく，相互に影響を及ぼしあっている．

　相互作用は時間とともに変化するものであることを次の例で見ておこう．海草食品が嫌いだという意識をもっていた人が，海草は健康に良いという知識を自らの知能で獲得し，海草食品を食べるようになると海草食品が好きだという意識になってしまうことがあるだろう．別の例としては「ストックホルム・シンドローム」がある．これは加害者である銀行強盗の人質になっている被害者が，しばらくすると加害者に好意的になって行動してしまうという現象である．つまり，決定論的に考えれば，加害者に逆らわないほうが個体保存に役立つという解釈ができるが，それを超えて意識のレベルで加害者に好意を寄せるように変化してしまうわけである．これらの例は氷山の一角だが，知能と意識の間には強い相互作用が働いていることが分かる．しかし，両者を直接比較できる価値体系がない．よって，2）の問い掛けに対する答えとしては，意識はアルゴリズムとデータから構成される知能とは別の体系であり，かつ知能と意識の間には相互作用があると考えたほうが，個人をめぐる多くのモノゴトをわかりやすく解釈できる．私はノア・ハラリの「生命体はデータ処理するアルゴリズム」という言説を否定しているわけではないが，意識は知能と関係しているものの，別のモノとして存在していると考えたほうが直観的に理解しやすい．

1.4.3　養老孟司の見方

2）の問い掛けに対する別の方向からの回答のヒントを養老孟司が
与えている［5］．養老の主張を端的にいえば，

- データは記号化されなければ意識の対象にならない．
- 記号は情報化されなければ他者に伝達されない．

ということである．これをもう少しくわしく分析してみよう．人間
に関わりのあるデータのうち AI に関連したものとしては，IoT の機
器由来の入力データと，人間由来のデータがある．前者は血圧，体温
のような人間の生理学的なデータを IoT 機器で取り込むケースと，
住居の消費電力のような人間のいる環境から得られるデータなどがあ
る．後者は人間の入力としてはキーボード，スマホのタッチパネル，
音声入力がある．スマホで撮ったカメラ画像は，ここでは IoT 機器
由来に分類しておく．これらのデータは以下のような流れで記号化さ
れる．

- IoT 機器からの入力データ → ビット列 → 適切な区切り，各区
  間が数値として解釈され記号化
  例：00110101 → 4 ビットで区切る → 0011　0101 → 10 進数表現
  なら 35
  この例では 4 ビットで区切るという作業が解釈方法を与える．な
  ぜ 4 ビットで区切るかはこの入力データの意味によって決まる．
- キーボードなどからの入力データ →文字として解釈され記号化
  例：01100001 →アスキーコードにおける小文字の a と解釈され
  る

こうして得られた多くの記号たちは，適宜組合わされて解釈され，
複雑な概念を表す情報となる．例えば，GAFA という文字列は
Google，Apple，Facebook，Amazon の頭文字の連結であり，現在世
界でトップに君臨する IT 企業 4 社の総称という情報になる．

解釈された情報にならないと知識のリソースにならない．では，解釈されて情報になるとはどういうことか？　この問いに対して養老は文献［5］で以下のように答えている．

　　記号が情報化するのは，人が受け取った時で，さらに詳しく言えば人間の「意識」の働きによるものです．いくら記号を与えても，受け取り手が生きていて，意識を持たなければ情報にならない．

　先ほど述べた意識と知能は別の体系だが，相互作用があるという立場に立てば，データが解釈されて情報化されるとは，意識と知能の相互作用の場にデータが情報という処理可能な実体として入ってくることだと考えられる．単独の個人の内面における相互作用としては，すでに述べた年収の差によって 100 円安く買えたという情報が異なる意識を誘発する例がある．ノア・ハラリであれば，このような意識の状態もデータで表現でき，情報化のプロセスもアルゴリズムで記述できると主張するだろう．このような意識の状態をアルゴリズムとデータによって生成された脳内の状態として客観化できることは疑いようがない．だが，上記で養老が述べたように情報化されることによって受け取り手の意識に変化を与えることができれば，

送り手の意識 → 記号の情報化 → 情報の受け取り手への伝達
→ 受け取り手の意識の変化

という流れによって送り手の意識と受け取り手の意識が伝達された情報を媒体として相互に作用する．このことを以下の言語表現の伝達の 2 つの例で示そう．

例 1：送り手が「A さんは嫌いだ」と伝えたとしよう．受け取り手が A さんについて知っていれば，送り手と A さんの関係についての情報を得る．しかし，受け取り手が A さんを知らなかったとすると，受け取り手はいろいろな意識を持ちうる．たとえば，自分が

Aさんを知らないことを認めて送り手にAさんとはだれかを聞く
べきか，あるいは無理に聞かないほうが送り手の関係をぎくしゃく
させないだろうか，など受け手のそれまでの意識によって新たな意
識は変わってくる.

例2：受け取り手は送り手がいままでAさんを「ファッションセン
スが良い」と褒めていたことを知っている．ところが，送り手が
Aさんについて「Aさんは浪費家だ」という言語表現を伝えたと
しよう．すると，受け取り手は，送り手がAさんを嫌いになった
という情報を得る．ここで送り手に同調するという意識，あるいは
手の平を返した送り手に対して不快感が生じるなど，種々の意識変
化を引き起こす.

かくして，2) の問い掛け「知能と意識のどちらに価値があるの
か？」は両者が独立でなく相互に作用するため，「鶏が先か，卵が先
か？」のような明確な答えがない問い掛けになっている.

1.4.4 記号接地問題とフレーム問題

ところで情報がこのように意識に作用できるのは，情報の持つ意味
が固定されているという性質によっている．「Aさんは嫌いだ」にせ
よ「Aさんは浪費家だ」にせよ，それ自体は文字列の情報として時間
的に不変である．このことはノア・ハラリが農業社会における指揮系
統の均質化，つまり時間や場所に依存しない情報伝達に文字が不可欠
だと言っていることに符合している．しかし，この文字列を解釈して
受け取り手にとっての意味を作り出す操作は送り手と受け取り手の関
係や受け取り手の意識の状態に左右され複雑を極める．この記号であ
る文字列の現実世界における意味を確定させる問題をAIにおいては
「記号接地問題（symbol grounding problem）」と呼び，未だに解決の
目途は立っていない．この例からお分かりいただけると思うが，記号
接地問題を解くには，意識がどのような外部情報まで射程に入れるか
を決める必要がある．これをAIでは「フレーム問題」と呼び，これ
また未解決な問題である.

1.4 意識とデータ　17

このような事情から，フレーム問題や記号接地問題が解決するまでは，「データから記号化し，記号が解釈されて情報化され，情報が意識の下で意味を持つ」という流れを，意識を捨象してしまった「データ至上主義」だけで置き換えることは，少なくとも人間にとってはイメージできないと思われる．現代の AI はアルゴリズムとデータをバラバラな情報源として使うのではなく，両者を相互作用させ，データによってアルゴリズムを変化させる能力まで持つ．しかし，それらを人間が理解する，感じるといった意味合いで解釈することはできていない．したがって，AI と人間は各々独立したモノとしての存在意義を持つと言える．

　別の言い方をすれば，ノア・ハラリは人間などの生命体を，神経などのミクロレベルにおけるアルゴリズムによるデータ処理メカニズムと断じきった．しかし，ミクロレベルと社会のようなマクロレベルの間にある中間レベルとして個人の意識の存在を拒否してしまった結果，そのレベルに存在する創造性や文化のような面が切り捨てられてしまっているかもしれない．やや抽象的な議論になってしまったので，もう少し分かりやすい比喩で締めくくることにしよう．

　計算機上で動くプログラムのコードのハードウェアに一番近い部分は機械語で記述されている．その機械語のコードが理解できればプログラムが何を目的に動いているかが完全に理解できる，というように考えている人はまずいないだろう．プログラムの目的つまり意味を人間が理解するには高級言語による記述あるいは自然言語で記述された仕様が必要であろう．ノア・ハラリが述べる生命体はアルゴリズムとデータで記述しきれるという言説はまさに機械語のプログラムが人間に理解できる形で記述しきれるということを言っているように喩えられる．機械語から直接プログラムの意味を理解することはさすがに無理なので，機械語とは別のレベルで記述する自然言語による仕様や高級言語が人間にとっては実体として必要である．言い換えれば，仕様や高級言語のコードが知的生命体である人間の持つ意識や意識に基づく解釈に対応していると喩えられる．よって，少なくとも人間にとって意識は必要な要素であるし，人間が研究開発してきた AI にとって

18　第 1 章　AI 脅威論：概念編

アルゴリズム＋データ	～	機械語のコード
人間の意識	～	高級言語のコード
人間の理解できる記述	～	自然言語で書かれた仕様

図 1.2　機械語と高級言語，仕様による比喩

も，人間の意図を理解するというレベルで必須の実体的な要素である．このことを図 1.2 に示した．

　残された 3) の問い掛け　「意識を持たない高度な知能を備えたアルゴリズムが，自分よりもよく自分のことを知るようになったとき，社会や政治や日常生活はどうなるのか？」への回答は，現実的な AI の脅威に係わる問題であるので，章を改めて説明することにする．

1.5 無用者階級の存在意義

　データ至上主義に対応して自ら価値を持って生き残ることができる少数のホモ・デウス以外の一般人，すなわち大多数の無用者階級は果たして存在価値があるのだろうか？　ヒューマニズムという観点からは，そもそもこのような問い掛けがナンセンスで反社会的であるという非難すら受ける．ただし，生物学的な観点からすれば別の見方もできる．

1.5.1　生物的多様性の確保

　進化論的に言えば「強い種が生き残ったのではない．環境に適応した種が生き残ったのだ」という考え方が生物進化の歴史の根本にある．では，環境に適応する種はどのようにして生まれるのだろうか？遺伝子の微妙な変化によって多様な形質を持つ生物が存在するからこそ，その中に環境に適応できる種が存在する可能性がある．もし，ある種族，例えば人間という種族の遺伝子に多様性がなくなってしまうと，多様な形質を持つ人間がいなくなってしまう．つまり，少数ないし単一の形質を持つ人間しかいなくなるため，環境変化に対応する能

1.5　無用者階級の存在意義　**19**

力のある人間が生まれるのに時間がかかる，あるいは新環境に対応できずに人間自体が全滅するかもしれない．言い換えれば生物学的進化が多様性を生み出して，種として未知の環境に適応し生き延びられる状況を作るために，多様な形質を持つ人間が多く存在したほうがよい．

このような新環境への適応能力の優れた人間が少数のホモ・デウスの中で十分に供給できるだろうか？　ホモ・デウスは現在の環境に適応した能力，遺伝子を持つが，環境が変わればそれに適応していることは保証できない．したがって，できるだけ多様な遺伝子を持つ人間が多いほうが人間という種族全体にとっては種としての生き残りに有利である．無用者階級のほうがホモ・デウスより圧倒的に多数派であるだけに，遺伝子の多様性も高く，よって生き残りに有利な遺伝子を持つ人々が存在する可能性が高い．

1.5.2　文化的多様性の確保

多様性の維持は生物学的な遺伝子だけで考えるべきではないだろう．文化や社会などの多様性の中にも現在は必ずしも有用ではなくても，将来有用になる要素がある可能性が高いものがある．例えば，全世界の言語が，現在の科学や文化において最も影響力の高い英語だけに統一され，他の言語が全て滅んでしまったら，どうなるであろうか？　日本の文化は日本語固有の性質から生まれているものも多いだろう[15]．だから日本の文化的特徴は完全な英語社会になったら失われるものも多いのではないだろうか．これは世界のすべての言語に対して言える．よって，希少な言語に関する知識を整理し，維持しようという言語学者たちの試みの意義は高い．上記では言語を例にしたが，言語にかぎらず，種々の文化を整理し，保存することも同様に重要で

---

[15] 話し手と聞き手の関係を重視し，多様かつ強力な表現力を持つ助動詞や助詞を思い起こしてほしい．「ようだ」「そうだ」「らしい」「〜がる」「〜ている」「〜てしまう」のような助動詞の表現力は強力この上ない．また，「〜よ」「〜ね」「〜か」「〜な」「〜ぞ」「〜ぜ」のような終助詞の力もすばらしい．たとえば「そうだよねえ」「なんだかねえ」「なんだかなあ」のような表現を思い出していただけると，その強力さをご理解いただけるのではないだろうか．

ある.

1.5.3 民主主義と自由主義

このように，生物的な遺伝子の多様性，文化，社会の多様性の確保のためには，無用者階級は決して無用というわけではなくなる．しかし，その多様性は環境において活用されなければ無意味である．いかに優れた遺伝的性質を持った人でも，それを使うチャンスが与えられなければ，その形質は発現せずに永久に消滅してしまうだろう．チャンスはホモ・デウスだけではなく，無用者階級にも平等に与えられなければならない．教育を受けるチャンス，社会参加するチャンスが与えられて初めて優れた形質が発現すると考えられる．つまり，

- スタートラインでの平等性を重視する民主主義
- 社会での形質発現を可能にする自由主義

が最低限確保されなければならない．それが確保できないと，ホモ・デウスと無用者階級が固定化され格差が拡大し，環境への適応能力が衰退する可能性が高くなる．

ただし，スタートラインにおける平等性だけではなく，エンドラインつまり到達点の平等性を主張しすぎることは逆効果になりかねない．たとえば，共産主義は全国民の到達点（つまり実生活）における平等性を強制したために，個人の能力や工夫が活かされない状態に陥ったといえる．あるいはスポーツや芸術，学問に秀でた人が他の人々と同じ生活をするように強制されたら，その優れた性質は発現しない．まとめれば，スタートラインの平等性と能力発揮を妨げない自由度を確保しなければならない．それによって，少数のホモ・デウスと大多数の無用者階級からなる格差社会という暗い未来を避けるチャンスが生まれるのではないだろうか．

1.5.4 陰鬱な未来

このように考えてくると，話はハッピーエンドになったように見え

るが，本当はもっと暗い未来もありえる．遺伝子編集によって，データ至上主義の社会に適応し，現代の生物学的環境に適応して病気にならないサイボーグのような人種，カーツワイル風に言えばヒューマン2.0を作れるとしたらどうなるだろう？　お金のあるホモ・デウスは当然，遺伝子改変してヒューマン2.0化することを目指すのではないだろうか？　無用者階級がホモ・デウスとの格差ゆえに能力を発揮できないと，その時点での環境に対して最適化されたヒューマン2.0だけが生き残ることになるだろう．ホモ・デウスの一様なヒューマン2.0化による進化的な脆弱性と，格差による無用者階級の没落は，人間という種族の全体的な脆弱化を招くかもしれない．

さらに頑固なシンギュラリティ信奉者は，ホモ・デウスの遺伝子を改良して新しい環境への適用をすれば生き残りは容易だというかもしれない．改良した遺伝子が新しい環境に適応できるかどうかを実際のヒューマン2.0たちが実験素材となって調べるなら，これは種としての人体実験である．良い遺伝子だけを残そうという真の意味での，そして悪い意味での「利己的な遺伝子」という陰鬱な未来の到来だろう．

参考文献

［1］R. カーツワイル：『ポスト・ヒューマン誕生』，NHK 出版，2005.

［2］N. Bostrom: *Super intelligence: Paths, Dangers, Strategies*, Oxford University Press, 2014.『スーパーインテリジェンス―超絶 AI と人類の命運』倉骨 彰（訳）日本経済新聞出版社，2017.

［3］高橋恒一：将来の機械知性に関するシナリオと分岐点，人工知能学会大会 2018,1F3-OS-5b-03.

［4］ユヴァル・ノア・ハラリ：『ホモ・デウス ―テクノロジーとサピエンスの未来（上，下）』柴田裕之（訳）河出書房新社，2018 年 9 月 原 著：Yuval Noah Harari: *HOMO DEUS: A Brief History of Tomorrow*, 2015.

［5］養老孟司：意識は嘘を見抜けない，*Harvard Business Review* 2019 年 1 月号 特集：フェイクニュース，pp.74-82, 2019 年 1 月．

AI脅威論：現実編

　1章で述べたノア・ハラリのデータ至上主義は，最終的に人類を席捲するかどうかは分からないが，部分的にはすでに始まっている．例えば，データが医師という専門家より強力に動く例として，Googleは多数の人々の検索データを統計手法やAI技術を使って解析して米国の冬のインフルエンザの州単位での流行予測を特定したと報告している［1］．そこで，1章で先送りにしてあった問い掛け「**3) 意識を持たない高度な知能を備えたアルゴリズムが，人間の個人よりもよく個人のことを知るようになったとき，社会や政治や日常生活はどうなるのか？**」への回答の一つとして，現代人への影響が極めて大きい課題「**AIが人間の職を奪うか？**」について，この章で考察する．

2.1 知的な職業が危ない

2017 年にオクスフォード大学から公刊されたフレイ＆オズボーンの論文［2］では，

1) 種々の人間の職業を構成するスキル，例えば「手先を使う」「オリジナリティ」「説得」などが計算機で肩代わりされる確率を調査および統計的手法によって計算し，
2) 現在人間が行っている職業をこれらのスキルが計算機で肩代わりされる確率を計算した.

この結果，近未来に人間の職業の半数（アメリカ合衆国の職業の47%）が AI で代替されるというショッキングな内容であったため，またたくまに人々の間で広まった．ただし，この調査は 2013 年時点で予測できる計算機技術ないし AI の技術によっており，AI 技術の継続的な発展を正確に予測しきっているわけではない．つまり，AI にとって代わられる職業はさらに増えている可能性がある．そこで筆者の知識で分かる範囲の AI 技術の進展で，どのようなタイプの職種において AI が人間より優位に立つかを予測してみる.

フレイ＆オズボーンの論文［2］では，ある職業が計算機によって取って代わられる確率は，教育レベルが高い人が就く職業であるほど低く，また収入が高い職業であるほど低いという統計結果が示されている．たしかに教育レベルが高いほど収入が高い傾向があるといえるだろう．また，高学歴の人が就く高収入の職業では重要な社会的知性（原文では social intelligence）が必要と言われている．そして，これらの職業である管理職や総合職，交渉に関わる仕事も計算機技術で代替しにくいと記載されている．しかし，これらはあくまで現在の技術，ないしごく近い将来の技術を想定した議論である．AI 技術が進展する将来にわたってこの議論が正しい保証はない．以下で，この点を掘り下げてみる.

上記の社会的知性が必要な職業のかなりの部分は，知識が集約され，仕事のやり方が整備され定式化している．この知識集約的な定式化をスキルとして身に着け，仕事に適用することは，知的レベルが高く，高等教育を受けた人材でないとできない．そのような人材は希少価値があり，かつ社会的ニーズも高いので，高収入を得られる．ところが，知識が定式化できれば，計算機上に知識を表現できる．さらには定式化を現実の問題に当てはめて機械的に解決できる可能性が出てくる．AI は，まさにその解決手段として威力を発揮する．

　例えば，データベースや Web ページはデジタルな形態で表現された数値やテキスト，画像などからなり，検索可能な形に定式化されている．現実の問題として検索を想定すると，質問を投入すれば，その質問に関連性の高いデータを結果として表示してくれる．この検索処理は完全に機械的に行われる．検索がさらに進化して質問に対応するモノゴトを AI 技術で探してくれるようになってきている．例えば自分の見た映画のタイトル名を与えると，観るべき映画を推薦してくれる「推薦システム」ともなると，高度な AI 手法が使われている．AI 技術の進歩によって検索機能が知的で使い易いものになると，検索の専門家という職業はなくなる可能性がある．一例として，弁護士の情報収集作業を補助するパラリーガル[1]は検索機能の知的高度化によって消滅する可能性が高い職業である．つまり，AI が肩代わりする職業の候補である．

　一見，知的な職業にみえても，定型化された文書作成や調査，定式化された計算，例えば税金，給与計算，損益の計算のような企業の会計業務，は AI の柔軟性が増すにつれて，AI 単独でこなせるようになっていくだろう．つまり，知的な職業では，仕事の構造を論理的に定式化し，その中から固定的ないし類型的なルーチンワークを取り出して定義すると，人間はそのルーチンワークを自分の記憶力を頼りに習得し，業務上の課題に適用していく．しかし，ひとたびルーチン

1　弁護士業務の付随業務すなわち翻訳・書類作成・文献調査・資料収集・資料分析を遂行する．正式な資格ではない．

ワークとして定義し計算機で実行可能な形で定式化できると，その課題への適用においては高速かつ疲れをしらない AI のほうが有利である．

最も知的で AI に乗っ取られそうもない職業の一つと思われている研究者について図 2.1 を参照しながら考察してみよう．

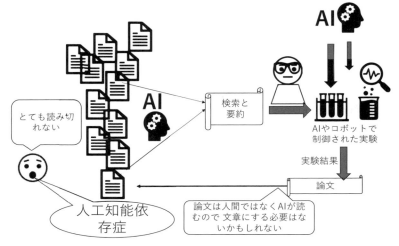

図 2.1　実験系の研究者の仕事と AI

1) 論文の検索と要約の自動化

　　インターネットの発達は論文の電子投稿，電子出版を加速している．学問分野の細分化によって，論文誌，国際会議の数も日に日に増大し，刊行される査読論文の数は増え続ける一方である．査読のない論文を掲載するサイト arXive の大規模化は公開される論文数の増加に拍車をかけている．このような状況で，研究者は自分に関係ある論文を探すことが困難になってきており，勢い関連分野論文の検索を Google Scholar のような検索エンジンに頼って行う．

　　しかし，検索された関連論文だけでも莫大な量になってしまい，関連論文を詳細に読み込む時間がとれない．よって，論文の要約が必要だが，1 論文ごとの要約では情報内容が不十分であ

る．したがって，あるトピックに関係する論文群をそれらの内容が比較可能な形で要約する機能が必須である．本来，こういった作業は研究者が自分自身で行うものだったが，論文数の増加によって，計算機，具体的には AI に頼らざるをえなくなった．検索や要約，さらには読むべき論文の推薦機能まで含めて，AI の主要な分野の一つである自然言語処理の研究成果によって実現し，高機能化しつつある．言い換えれば，研究者はすでに AI なしでは仕事ができない AI 依存の状況に陥っている．

2) 実験とシミュレーションの自動化

このような自分自身の研究分野の調査の後，研究者は新規性のあるテーマや実験を計画する．実験は科学的根拠となるため，精密性に加えて再現性も重視される．もし，実験の方法論，あるいは実験の手順が確定していれば，AI で制御されたロボットに実験させたほうが精密さや再現性は高い．よって，実験の主役はAI，ロボットに置き換わっていくだろう．

最近では物理的ないし生物的実験ではなく，計算機内部でのシミュレーションによる実験が増えている．シミュレーションであれば，実験パラメータを変えて行う実験や，繰返し実験による統計的信頼性の向上などが自在に行える．シミュレーションを行うプログラムのかなりの部分は AI 技術による[2]．また，実験パラメータを変える方法も実は AI 技術による．例えば，深層学習では膨大な数のパラメータがある．これらのパラメータ一つ一つの値を全体として調整して最適な結果が得られる個々のパラメータの値を決めなければならない．パラメータ数が大きい[3]と最適なパラメータの値はすべてのパラメータを同時に最適化する作業となってしまい人間の手に負えない．よって，AI 技術のひとつであるベイズ最適化と呼ばれる方法などが使われる．空間における力や熱の伝導，波動などをシミュレートする偏微分方程式の数値

---

2 Python という言語の機械学習関係のパッケージは非常に充実している．また，マイクロシフトの Azure も機械学習の実験を容易に行えるツールとして有名である．

3 10^3 以上の桁数になることもある．

計算や数値シミュレーションによる解法も結果の精度を落とさず
に計算の効率化，高速化を狙う必要があり，そのためには広い意
味での AI 技術が必須の要素である．つまり，シミュレーション
もまた AI 技術に大きく依存しており，研究者にとってすら詳細
が把握しきれないブラックボックス化したものになってきてい
る．

3) 自然言語で論文を書かなくなる

　さて首尾よく良好な実験結果が得られたら，論文を書くことに
なる．当然，読者として人間の研究者を想定しているから，英語
などの自然言語で論文を書くわけである．したがって，現在，研
究者はほぼ例外なく自然言語で論文を書いている．ところが，1)
の状況が進行すると，論文は機械すなわち AI 技術で構築された
自然言語理解システムが読んで理解するだけになってしまい，研
究者が時間をかけて苦労して書くことはコストパフォーマンスが
悪くなってくる．論文の採否を決める査読者に読ませるためだけ
に論文を書いているような状況に近づきそうな気配がある[4]．実
験系の研究では，実験条件と結果の記述だけがあれば学問的成果
としては十分であり，自然言語で長々と書いた論文は不要ではな
いだろうか．果たして，苦労して論文を書く必要があるのだろう
か？

　上記のような実状と将来予測を非実験系である文系の研究者[5]に聞
いてみたことがある．文系の場合，実験はしないので，自分の直観に
したがって論文や著書を書くので AI に取って代わられることはない
だろうということだった．ただし，自分の直観が間違っていれば研究
業績が出せなくなるそうである．もっとも，最近では文系の研究者も
具体的な調査を行なったり，得られた調査結果の解析を統計学による
計算手法を使って行うようになってきている．近い将来には，AI 技

---

4 自分が論文を書く時も，まず想定するのは意地の悪い査読者で，彼らに付け込まれな
いことが目的化してしまう傾向がある．

5 井上智洋氏．本書，執筆時点で駒澤大学経済学部准教授．

術を使って分析するようになりそうである．文系の研究者といえども，図 2.1 に示したような AI の影響から逃れることはできない状況になりつつある．

図 2.1 のような状況で研究者はどうやって生き残ったらよいのだろうか？ そのために図 2.1 で研究者が自分のアイデアを使っている部分を探し出してみよう．現状調査タスクである論文の検索や要約は AI に任せたほうがはるかに効率がよい．次の段階は研究者が最も頭を使う部分であり，調査結果からまだ試されていない部分を探し出すことである．ただし，実験に使う材料の選択やまだ試されていない条件の選択は，情報さえあれば AI の探索機能のほうが網羅性が高いので，人間の研究者は AI に勝てないかもしれない．

ここであきらめずにもう少し追求してみよう．一流の研究者であれば，自分の専門以外の分野から，自分の持っているテーマに使えるアイデアを探してきて，自分のテーマに適合するように変形する．つまり，専門以外の分野から知見を持ってくるといえども単純に関係のある内容を探しているのではなくて，一見関係のないモノゴトをアナロジーで対応付けたりして，ちょっとしたヒントを得るわけだ．このような変幻自在な関係付けは現代の AI が進歩してもそうそう簡単には実現できない．

優れた研究者はそれまでの人生の経験の中で使えそうな状況を思い出して，自分の研究課題に結びつけて研究のヒントを得ているのではないだろうか？ だとすると，むしろ研究とは全人格的ないし，過去の経験の蓄積の大きな部分を占める現在の身体の状態，すなわち身体性に係わってきていると予想される．この辺りまでくると現在の AI の進化の延長線上にはない要素が入ってくる．創造性という意味では，むしろアートに近いと言えるだろう．俗な言葉で言えば，人間の研究者にとっては，閃き，思いつき，アナロジー，アートというのが AI に攻略されない砦ではないだろうか．

図 2.1 を見てもう一つ考えられるのは，そもそも図 2.1 のような流れは研究を行う唯一の枠組みだろうかという疑問である．この流れとは違う研究の進め方を探し出すことも含めて研究なのではないだろう

か．つまり，研究を研究するというメタレベルでの作業である．筆者の思いつきでいえば，以下のようなものがある．

1) 実験の進め方や手順を変えてしまうこと．例えば効率が悪い手順のようでも，とんでもない発見が起きそうな実験方法を導入する．
2) 研究者は自分の研究課題の遂行に忙しいので，難しいかもしれないが，全く異なる分野の専門家の話を聞くことに一定の時間を使う．
3) 研究分野をときどき変えてみる[6]．

こういった方法は，上で述べた閃き，思いつき，アナロジー，アートにつながる可能性の源泉になるかもしれない．

ここでは研究者を例にとって説明したが，調査→実験→結果発表，という作業の流れで捉えられる仕事は非常に多い．弁護士の業務なども類似性がある．2.2 節では種々の職業が AI に取って代わられてしまう未来図を描いているので，暗い雰囲気が漂う．だが，2.2 節で紹介するいろいろな仕事を図 2.1 のような作業の流れで表現した上で，AI での代替可能性について分析してみてほしい．すると，人間が明け渡す作業と，明け渡さずにすむ作業が見えてくる．上で述べたように作業の要素に人間中心な要素を入れ込む作業，さらには図 2.1 の構造自体の再定義や刷新を考えることによって，新たな仕事，職業を探してほしい．その延長線上にある「人間と AI が共存し，補い合う世界だというイメージ」を描く作業を 2.2 節を読みつつ行っていただくことを読者の皆様に期待したい．

---

6 大きくテーマを変えて業績を上げている著名な学者が散見される．

2.2 AI に脅かされないと言われている職業は本当に大丈夫か

ダベンポート＆カービーの『AI 時代の勝者と敗者：機械に奪われる仕事，生き残る仕事』［3］は，書籍の表題のとおり AI が人間の仕事を奪う理由や条件，奪い方などを 2016 年時点で細かく分析して将来予測した書籍である．AI が人間の職業を奪うという問題に興味を持っている読者にとっては必読書といえよう．現時点の AI 技術や職業の状況については正確に記述し，特に AI 技術が職場に入り込んできたときに人間が独自性を発揮でき，将来性があるビジネスモデルを具体例をあげて記述している．現時点でのビジネス書としては有益であるのだが，将来の AI 技術の発展まで考慮すると，楽観的記述が多い．以下では文献［3］で提案されている AI に奪われない職業の在り方が長期的に見ると必ずしも安泰な職業を保証しないことを説明する．

2.2.1 データ依存の仕事

文献［3］ではデータを元に疑問に答えるシステムやデータに基づいた解説や説明は AI に取って代わられると予測している．前者はコールセンターのオペレータなどが当てはまり，後者の例としてはスポーツの試合の解説記事作成が挙げられている．実際，解説記事作成はスポーツの試合のように決まったルールに基づくイベントの結果であれば，自動生成技術が進んでいる．

では，文献［3］であまり深く分析されていないデータ関連の職業であるデータの分析や傾向予測を行うデータサイエンティストはどうであろうか？　1990 年代からの機械学習技術の急速な発展によって，ビッグデータを対象にした統計分析の高度化と自動化が同時進行している．例えば，ファイナンスに関しても市場の価格動向の報告だけなら自動化される．実際，ファイナンシャル・アドバイザーはかなり自動化されつつあるそうである．さらに悪いことに，専門分野に特化したデータ処理の AI や機械学習の手法になると，専門分野のカバー範

囲が狭いため，定式化と自動化が容易に進行する[7]．このような事情から，データサイエンティストは機械学習技術と専門分野の両方に通じた極めて少数の優秀な人材[8]しか生き残らないだろう．

文献［3］ではIT技術に的を絞ってビジネスにおけるIT化や新規ビジネスの開拓などの仕事が人間に残された仕事として有望だと書かれている．具体的に見ていこう．

2.2.2 AIをビジネスで活用する仕事

文献［3］では，大局観を持つ人，十分なデータなしで判断できる人は機械を上回れる仕事ができるとしている．しかし，大局観やデータなしの判断をするためには，その人の仕事専門領域で多大な経験が必要であろう．そこで問題になるのは以下の状況である．すなわち，自動化は初歩的なルーチンワークから進行してしまい，ルーチンワークを経験できる人が激減する[9]．したがって，専門領域に関する十分な経験を積むチャンスがなくなってしまい，大局観やデータなし判断の能力を養えなくなってしまう恐れがある．ただでさえ大局観やデータなし判断ができる人材が少なくなっている状況で，こういったルーチンワーク自動化の副作用が出てくると，そのような職業に就くことは極めて稀なケースになってしまう．

現在のAIを有効利用するには大量のデータを収集することが不可欠である．したがって十分なデータなしの判断というのは前時代的発想に見える．もし，人間が関与できるなら，多様なデータを収集する収集先や収集手段を考えるべきである．しかし，どこにどのようなデータが存在するかを探すのは，いまや検索エンジンのほうが網羅性高くかつ高速に行える．したがって，ここでも主役はAIであり，人

---

7 ただし，データ収集が必要でかつ調査相手に多様性があると簡単にAIで置き換えられない．たとえば，会計監査は監査対象の企業の取引の金額的数値だけではなく，取引で扱われている商品，製品，素材などの有体物，生データや解釈された情報などの無体物まで含めて取引の適切さ，適法性を評価しなければならず，容易なことではAIで自動化はできないと思われる．

8 ノア・ハラリの言うホモ・デウスに該当しそうな人材である．

9 この点については文献［3］でも憂慮されている．

間にできる仕事は少なくなってくるだろう[10].

さらに深く考えると，文献［3］でも指摘されているが，AI と独立に仕事をしようというメンタリティの人は窮地に立たされるだろう[11]．AI をツールとして使いこなすのは最低限必要だが，そのためには AI の処理内容やアルゴリズムについての把握もしておきたい．その理解がないと，AI を他の問題や分野に応用することができない．より進んだ状態では，AI をツールではなく仕事仲間として考えて，協力し共生していくようなやり方で仕事ができる人しか職業人として生き残れない．つまり，AI は人間のスキルだけでなくメンタルな部分にも影響を与え，変容を迫ってくる技術だと考えられる．

2.2.3 AI とビジネスの橋渡しの仕事

2.2.2 は一つのビジネスの内部で AI を利活用する仕事であったが，もう一歩引いてみると，新規開発された技術を適用できそうなビジネスを探す仕事，および既存のビジネスに適用できそうな新規開発された技術を探す仕事がある．これは，新規技術とビジネスに関する広汎かつ最新の情報を持ち，かつそれらの情報を理解していないとできない極めて知的な仕事である．

ところが，自然言語処理技術によって，新規技術ないしビジネスを特徴づける専門用語が整備されると，この仕事は AI の得意なマッチング問題になる．

例えば，新規技術として人間の脳内で想起される単語を認識できるヘッドマウント装置が開発されたとしよう．この技術を記述するのは，「脳内」「脳」「想起」「単語」「認識」「ヘッドマウント」であろう．一方，空港のセキュリティチェックで怪しい人物を尋問するとき，その人物が脳で何を考えているか単語レベルでもよいから認識できれば尋問効率は上がる．この尋問システムを記述するのは「空港」

---

10 もちろん，特殊な人間関係を使って秘密データを入手することはありえる．しかし，これまた非常に少ない人にしかできない．

11 SNS，検索エンジン，簡単な統計ソフトなど昔なら AI 技術と思われていたかもしれない技術は使えて当たり前の世の中にすでになっている．

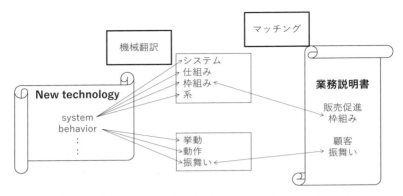

図 2.2 英文技術文書から日本語の業務説明書へのマッチング

「セキュリティチェック」「怪しい」「脳内」「考える」「単語」「認識」といったところであろう．そうすると，技術と尋問システムに共通の単語として「脳内」「単語」「認識」がでてきて両者はマッチングしそうである．さらに類義語まで考慮すると「考える」と「想起」が類義であることが自然言語処理で分かれば，マッチングの確かさは上昇する．現代の AI の自然言語処理では単語が直接一致しなくても類義語を自動的に探す機能は充実してきているので，このようなマッチングは夢物語ではない．例として図 2.2 の右側に示すような日本語だけで業務の事が記載されたビジネスを想定してみよう．図 2.2 の左側のようなビジネスに関係する英語論文などで記載された新技術があった場合，AI 技術の一つである機械翻訳によって，英語の記述を日本語に自動翻訳してマッチングさせることもできる．このような異なる言語の間でのマッチングは人間の専門家より質は下がるが[12]，速度は圧倒的に早い．このような自然言語処理を基礎にしたマッチングが利用され出すと，その利用結果から類義語や意味内容の近い表現も自動抽出できる．この抽出結果を使えば，マッチング能力は更に上がり続けていくので，人間の出番は減ってくる．

---

[12] Google 翻訳が 2015 年ごろから導入したらしい深層学習の効果によって，翻訳する文書が正確な文法で書かれていれば，機械翻訳は実用に耐えうる翻訳結果を得られるようになってきている．

この例のように，AI がその利用を通じて機能改善することを考慮にいれて，そのうえで人間の出番が残されているかを検討しなければいけない．

2.2.4　AI の動作や結果を説明する仕事

文献［3］によれば，自動化されたシステムの仕組みを理解し，監視し改善する仕事は残るとされている．しかし，AI のブラックボックス化が進行すると，仕組みの理解が大雑把なレベルでしか可能ではない．たとえば，XAI（eXplainable AI：説明可能な AI）の研究[13]では，AI システムの出力結果が入力のどの要素に依存しているかはかろうじて探せるが，AI システムの複雑化にともなってデータ処理の流れが理解可能な形でわかる状況はどんどん遠ざかっている．それを乗り越えようとして，AI の内部動作そのものを説明するのではなく，内部動作を近似するシミュレータを作って説明する方法も考えられている．シミュレータとしては，if-then-else の連鎖で表わされる決定リストや，それを 2 次元化した決定木などがある．しかし，シミュレータの作成自体も AI の力を借りて自動的に行うことになる．端的に言えば，システムの細部にわたる監視，改善を人間が行えることはほとんど期待できなくなってくる．

このような技術状況からみると，AI の出した結果を人間に説明する仕事も，AI の内部動作の理解から説き起こすような方法も，もはや人間の専門家の能力の外側に行ってしまっている．下手をすれば図2.3 に示すように，もともとの AI（図では AI_0）の説明を生成するAI（図では AI_1）の動作を説明する AI（図では AI_2）が必要ということが続くような皮肉な状況になるかもしれない．

ところで，EU の GDPR（一般データ保護規則）では 22 条において，「データ主体は，当該データ主体に関する法的効果をもたらすか

13　XAI2017, XAI2018 というワークショップが ICML（International Conference on Machine Learning）に併設して開催され，研究結果が公表され始めている．多くの研究結果は，入力のどのような特徴に最終結果や中間結果を表す内部変数が依存するかを分析するものである．

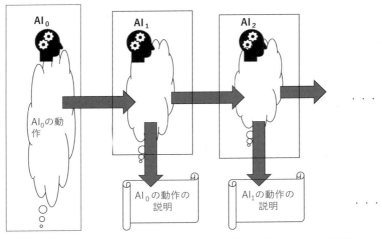

図 2.3　AI の動作を説明するための AI の動作を説明する AI の連鎖

又は当該データ主体[14]に重大な影響をもたらすプロファイリングなどの自動化された取扱いのみに基づいた決定に服しない権利を持つ.」と書かれている.「自動化された取扱い」を AI による処理だとすると,「決定に服しない権利」をどのように実装したらよいのであろうか？「決定」を得るに至った AI のデータ処理プロセスなどを理解可能な形で表現することが現状では難しい. したがって, 現実的には, AI システムへの入力データを提示し, 人間がその結果を説明するとしている. 人間の説明者が介在することによって「自動化された取扱いのみ」ではなくなるので, 法律要件を満たすわけだが, どのような説明を人間が行うかが示されていない. しかも AI の説明生成における上記の状況からみて, GDPR22 条は高い理想を掲げたものの, 将来にわたる非常に重い課題を与えてしまったといえよう.

2.2.5　人間対応の仕事

　人間を相手にする職業は AI には奪われないという意見を聞くことが多い. 人間を相手にする職業とは, すなわち対人コミュニケーショ

14　ここでは個人情報の発生源である個人. 例えば,「氏名, 生年月日」を個人情報とすると, その氏名, 生年月日を持つ自然人. なお, 自然人とは法人に対する概念で, 生物としての人間と考える.

ン能力が必要な職業であり，目的は交渉相手を説得することである．商品セールスでは買い手を説得するスキルが重要である．企業においてもセクションを跨いだ交渉と説得，あるいは経営に関する会議での説得，さらには他社との交渉などいわゆる総合職と呼ばれる企業の上流階層を狙う人，あるいは経営を担う仕事をしている人々が対応する．別種の職業としては教師や介護職，さらにはいわゆる接客業も対人的なスキルを求められる職業である．

これらの職業で必要なのは相手に対する共感能力，あるいは相手の心理を読むというスキルである．AI はそのスキルがないし，またそもそも共感などという概念を持たないという言説から，これらの職業は AI に奪われることはないと主張されている．

しかし，詐欺のような場合を除けばセールスは売り手の商品知識の豊富さや説明力が信用を生む原動力である．また，交渉や説得では，議題になっている事柄についての知識が結果を左右する．このような商品知識や分野知識に関して AI は人間よりはるかに正確かつ幅広い知識を供給できる．この状況では，人間としてはまず AI の供給する検索機能を使いこなせることが要求されるが，これは要するにセールスや交渉を行う人間の仕事は自然言語が使えるという役割に特化しており，極論すれば AI の下僕のような位置づけになっている．自然言語処理技術や音声認識・生成技術がもう少し進むと，買い手の人間，交渉相手の人間との自然言語によるやり取りも AI で行えるようになる．実際のところ，Web やタブレット端末の人間とのインタフェース機能によって AI が対人関係を担える部分が急速に拡大している．ネット販売の隆盛はその先駆けであろう．したがって，対人関係を担う仕事もけっして安泰ではない．

2.2.6 AI を導入しても経済的でない仕事

サービスの利用者が少ない仕事は AI 開発にお金がかかると，経済的に成立しない[15]．例えば高齢者介護を考えてみよう．高齢者一人ひ

15　文献［3］の 7 章「ステップ・ナロウリー——自動化されない専門的な仕事」を参照

とりに別々の介護援助ロボットを開発しようとすると，高齢者の健康状況やメンタリティが全く違うので，個々の高齢者毎にロボットを動かすプログラムを開発することになる．これではまったく経済的に不合理である．ビジネスよりの仕事としては，販売数がごく少数の製品の開発，取引額が小さな多数の会社との取引のシステム化なども，AI を使った自動化に経済的合理性がない場合に相当する[16]．

　ただし，このような状況が永続するとは考えにくい．現代の AI はデータさえ供給されれば，自動的にデータに合わせて行動を変容させる機械学習の手法を基礎にしている．通常，AI はビッグデータがあって初めてその能力を発揮すると思われている．しかし，技術の現状は必ずしもそうではない．AI システムは既存の AI を別の新規問題への応用に使い，使われるにしたがって，使用時に得た結果を使って AI システムのアルゴリズム自体を再学習し，状況にフィットする AI システムに変化することもできる[17]．介護ロボットも基本的 AI アルゴリズムから出発して，介護される人の反応を学習して，介護対象者にフィットする行動を選択するロボットに成長する可能性がある．また，製品開発や多数の会社との取引システムに関しても，基本 AI システムがあれば，そのパラメータを対象分野のデータに沿って学習して目的にフィットする AI になることもできそうである．

　このような目的に応じた AI の変容に人間も手を貸す必要はあるかもしれないが，目的対応にフィットさせる手間を軽減する研究も当然進むであろう．そうなると，個別性の高い分野に適応する AI の開発が自動化され，人間を教育してその仕事をさせるより経済的に有利になる可能性は高い[18]．つまり，一見 AI には奪われにくそうにみえた個別性の高い分野は将来的には決して安泰ではないといえよう．

　していただきたい．

16　いわゆるロングテールに対応する．

17　このような手法の一つとして確立しているのが「転移学習（transfer learning）」である．詳細は以下を参照されたい．
https://qiita.com/icoxfog417/items/48cbf087dd22f1f8c6f4
http://ruder.io/transfer-learning/index.html

18　文献［3］の 7 章に経済的に人間より有利になる例が書かれている．

2.2.7　AI システムを開発する仕事

　具体的なビジネス上の課題，技術上の課題を解決するための新規の AI システムを開発する仕事は今後増加するという予測が文献［3］の 8 章に書かれている．種々の課題に AI を適用しようとしている現在においてはたしかに仕事が増えている．しかし，解決したいビジネス上ないし技術上の課題，さらには必要なデータの調査，収集方法のシステム化などでは，AI 技術が適用される応用分野と適用すべき AI 技術の双方について深い理解とスキルが要求されるため，それに応えられる人材は少ない．この節の冒頭で述べた研究者のような仕事と資質が要求されている．しかも，すでに述べたように研究者も AI が賢くなるにつれて厳しい立場に立たされる．AI に仕事を奪われないためには，自分の仕事の定常的な革新が必要である．例えていえば，ノア・ハラリの言うホモ・デウスのようなごく少数の人々だけがこの仕事で生き延びるのである．

2.2.8　人間に対して責任を負う仕事

　仕事の内容を AI が技術的に肩代わりするという見方によれば，ここまで述べてきたように多くの仕事や職業が AI に取って代わられる流れは続く．ここで，まったく別の視点，すなわちサービスを受けた利用者に対する責任という観点に立ってみよう．

　医師，弁護士などいわゆる士業と呼ばれる職業は，高いスキルを使うことはよく知られているが，サービスを受けた個人の人生への影響が極めて大きく，それに見合う責任も負っている．この責任は高いスキルを担保する国家資格として認定される一方，サービスにミスがあった場合の責任の取り方として具現化されている．言い換えれば，スキル自体だけでなく，サービスの受け手との人間関係における責任も担う職業である．

　したがって，AI の技術が進んだからといって，AI に肩代わりできるわけではない．その責任の制度化は国家資格や士業を規律する法律の枠組みとして実現されている．つまり，制度的には人間社会の決め事だから，人間社会の側が AI に責任を移すと決めない限りは AI が

取って代わることはない[19].

このようにサービスの最終的な責任者になる仕事はかなり多く，以下のような職業がある．政治家（議員および行政府の高官，自治体の長），裁判官，旅客機の操縦士など．旅客機の操縦はオートパイロットシステムの導入によってかなり自動化が進んでいるが，多数の乗客の生命を預かる最終的な責任者としての位置づけである．医師も患者の生命を預かる最終的な責任者である．あるいは軍事組織においても，軍事行動の責任者としての司令官は自動兵器による無人化が進んでも必要な仕事である．

こういった責任者としての仕事は社会の決め事ではあるものの，AI の急速な進歩によって社会的常識や人々の心理が変化すると決め事自体が変化するだろう．したがって，その消長は間接的にせよ AI の影響を受けている[20].

このように考えると，AI が進化しても，人間には最終的な判断の責任者というのが位置づけは残る．AI の判断が論理的に正しそうでも人間のお墨付きがほしいというのが非専門家の一般的心理であるから，人間の感情と納得という部分で人間の関与が重要かもしれない．

2.2.9　その他の職業

(1)　運転士

より影響を受ける人数が多い地上交通の運転士について考えてみよう．代表的なのは公共交通機関である鉄道や路線バスの運転士である．鉄道に関しては新橋−豊洲間をつなぐ「ゆりかもめ」が無人走行している．ATM の導入も進み，新幹線の運行制御はかなりの部分が計算機によっている．路線バスにおいてはむしろ運転手不足が深刻で，自動運転車の導入が避けられなくなるかもしれない．このように自動運転がバス，鉄道で導入されると，責任者は運転士からシステム運用側に移らざるをえないが，運転士よりはるかに少ない人数が責任

19　逆にいえば，人間社会の側の判断で AI に移すこともできる．

20　AI だけではなく技術の一般の影響を受けるものであろう．

者として残ると予想される．また，人命への責任はないが，人手不足が深刻な物流業界においてトラックの運転手も AI 自動運転車ないし交通インフラとの共同するシステムによって置き換わっていくと予想される．運転に関する職業は「AI に奪われる」というよりもむしろ「AI に代わっていただく」という感覚がある．

(2) 教師

教育においてはまだ人間として幼い小学校低学年の教育と大学・大学院での卒業論文，修士論文指導では人間が教育者として行うべきことが多いが，この中間の学年における知識やスキルを習得する部分はMOOC[21] などオンライン学習で十分代替できるという見方もある．技術進歩が急速な分野，例えば AI 技術では，意識の高い学生は世界トップクラスの大学教員が教える MOOC で自学自習してくることが多い．

さらに AI を利用した教育として，個々の科目に関しては，AI の機械学習機能によって個人ごとに適応したインタラクティブな個別教育システムが期待される．知識やスキルの教育ではこのような AI の導入によって，人間の教師よりも高いレベルの教育を施すことができるのではないか．

(3) 調理師

現状で人間生活に密着しているがゆえに置き換えにくい仕事は調理師であろう．食品企業の食品開発，飲食店の調理作業は置き換えにくい．だが，AI が人間の微妙な味覚を学習するようになり，柔軟に調理作業ができる AI ロボットが生まれる可能性は十分にある．そうなると研究者と同様に，新規アイデアの創出が人間の調理人の主要な仕事になる．

---

21 Massive Open Online Course

2.3 職業が奪われた後のこと

　AI が人間の職業のかなりの部分を奪っていくことは避けようがないだろう．産業革命のときは機械が奪った力仕事や手作業のような職業を工場労働という仕事で置き換え，さらに工場労働はそれ以前より大量の職業を提供できたので，結局は人間にとって仕事がなくなるということにはならなかった．しかし，AI は人間の知的な能力を肩代わりし始めるだけに，知的な作業が主体な職業がどんどん AI に取って代わられる．この結果として起こる社会の在り様はまだよく分からないのが実情である．この節では，このような社会に関して認識されはじめていることを中心に説明していく．

2.3.1　ベーシックインカム

　AI が仕事を奪う流れが加速しても，仕事を奪われずにいる少数の人々はノア・ハラリ風にいえば，ホモ・デウスである．それ以外の大部分を占める仕事を奪われた人々はノア・ハラリが無用者階級と名付けた人々である．彼らは仕事をしたくないのではなく，できる仕事がないのである．したがって，社会の崩壊を防ぐには，生きていくための最低の収入を政府支給しなければならない．この支給金が「ベーシックインカム」である．生活保護と違うのは，ベーシックインカムはその人の所得額に寄らず全国民に一律に固定額が支給されることである．したがって，もし働ければその分の収入は増えるとされている．

　仮にベーシックインカムがあるので仕事をしなくてよい状況に置かれたら，はたして人は幸福であろうか？　これは哲学的な問い掛けなので賛否両論あるだろうから，ここでは立ち入らないことにする．その代わりに，時間的ゆとりを何かに使おうとするケースについて考えてみる．ゲーム，芸術，あるいはスポーツなどの趣味に使うことは十分にありそうである．ただし，趣味を追求するにはかなりお金がかかることが多い．では，ボランティアはどうか？　これも当然，自分持

42　第 2 章　AI 脅威論：現実編

ちなのでお金がかかる．かくして，ベーシックインカムだけで生活しつつできることといえば，かろうじてインターネット上をうろうろするくらいであろう．

　趣味を追求したい，あるいは達成感を得たいというメンタリティの人々はやはり少しでも仕事をして余剰所得を得たくなるだろう．ということから，ベーシックインカムというセーフティーネットが設置されても，AIに職を奪われるという問題が解消しきるわけではない．

2.3.2　忘れられる技能

　産業革命のときは多くの力仕事が蒸気機関などの機械に取って代わられた．したがってそれ以前の力仕事はスポーツなどの形を残すのみとなり，多くの人が収入を得る仕事ではなくなった．典型的なのは競馬かもしれない．もちろん，競馬では馬主，騎手など高収入が得られる仕事もあるにはあるが，ごく限られた人たちの仕事になってしまっている．幸いなことに競馬や馬術がスポーツとして残ったので，乗馬というスキル[22]は失われなかった．しかし，乗馬はむしろ例外であって，多くの仕事上の技能は機械に取って代わられると失われてしまい，永遠に復活しない可能性が高い．たとえば，和文タイプピストのスキルは一時，高給のとれる仕事だったが，日本語ワープロの普及でほとんど消滅した．仮に自動運転車が普及し尽くすと，自動車を運転するというスキルを持つ一般人はいなくなってしまい，カーレーサーのようなスポーツ系のスキルとして命脈を保つだけになってしまうかもしれない．

　AIやネットワークが普及し，大多数の国民がそれに依存するようになると，これらは生活必須インフラという位置づけになる．2019年初頭にスマホの大規模な通信障害が起こったが，このとき多数の人々が顧客との打合せができない，待合せの場所に行けない，などという10年前には考えられなかったような事態になってしまい，人々

22　日本語なら技能ということになろうか．ただし，スキルのほうが知的作業もカバーする少々広い概念と考えている．

がスマホを端末とする通信インフラにいかに深く依存しているかが浮き彫りになった．つまり，それ以前の人々がもっていた打合せや待合せに対する方策はごく短期間に忘れ去られていたことが立証されたのである．

こうしてみると，AI が人間の仕事を肩代わりするというのは，人間が AI に肩代わりさせたスキルを失うことを意味している．そのスキル消失まで含めて，人間と AI が共生する社会をどのように構築していくべきかを考えておかなければならない[23]．

2.4 本章の最後に

種々の職業が AI に奪われる可能性について考察してきたが，2.1 節の最後に提起した論点：仕事の再定義や刷新を考え，新たな仕事，職業を探し，その延長線上にある「人間と AI が共存し，補い合う世界だというイメージ」を描く作業の糸口は見つかったであろうか？ その作業のために AI そのものについての知識が必要だと思われる方は，ぜひ次の 3 章：AI 簡略史に進んでいただきたい．

参考文献

［1］ビクター・マイヤー＝ショーンベルガー，ケネス・クキエ（斎藤栄一郎 訳）：『ビッグデータの正体 情報の産業革命が世界のすべてを変える』，講談社　2013.

［2］Frey, C. B., & Osborne, M. A.（2017）:The future of employment: How susceptible are jobs to computerisation? , *Technological Forecasting and Social Change*, 114, 254–280. https://doi.org/10.1016/j.techfore.2016.08.019.

［3］トーマス．H. ダベンポート，ジュリア・カービー：『AI 時代の勝者と敗者』，日経 BP 社，2016.

---

23 技術者は利便性だけを強調することが多いが，利便性と引換えに失うものまで含めて社会における技術というものを考えるべき時代になっているのではないだろうか．

3 AI技術の簡略史

AIの脅威を技術的な観点から理解し批判するために，AIとはどのような技術かを知っておくことは役立つ．しかし，**AIの定義**は非常に難しい．例えば，プログラミング言語のコンパイラは一時はAI技術の一部だと考えられたこともある．AIは多様な技術を含むが，それらは独立して計算機科学の一分野を形成するようになることが多くみられた．したがって，現在，AIと考えられている技術が長期間AIであり続ける保証はない．このような実態から，本章ではAIの誕生から現在に至るAI技術の変遷の歴史を振り返ることによって**AIとは何者か**という問いに答える糸口を提供したい．

3.1 AIとIA

AIというのは定義しにくい言葉である．しかし，定義しにくさは大きな概念を表そうとしていることに起因しているので欠点ではない．むしろ，新たな技術を切り開く力が高く，社会への影響力が大きい．このことを詳しく説明するためにAIとIAという一対の言葉からスタートする．

AIはArtificial Intelligenceの略称であり，人間に置き換わる知的能力を持つソフトウェアを意味する．ただし，ロボットのように物理的実体があり，物理的な影響力を持つシステムであっても知的能力が高ければAI[1]と呼ぶこともある．

IAはIntelligent AssistanceあるいはIntelligent Amplifierの略称であり，人間の知的能力を支援あるいは拡張するためのソフトウェアを意味する．

このようにAIとIAは相当異なる概念である．歴史を振り返るとAIとIAは片方がブームのときはもう片方が沈静しているという関係にあり，約10年単位で立場を入れ替えつつ進んできた．AIのブーム，AIの冬の時代という言い方はされるが，IAのブーム，IAの冬の時代という言い方はほとんど聞かないことからも分かるように，歴史的変遷において常にAIの名前が矢面に立って使われてきた．このような捻じれた糸のような構造[2]があるため，AIという言葉は定義しにくい．では，以下でその歴史を簡単に振り返ってみよう．

---

1 AIロボットと呼ぶことが多い．

2 さらに糸はほどけてあちこちに拡散していっている．あちこちとは，計算機科学や数理，ロボットなどの理工系技術，もう一方で応用分野であり社会的な側面である．SNSや検索エンジンを巡る社会的影響の大きさはどんどん増幅している．

3.2 最初の夏と冬

3.2.1 ダートマス会議

1956年7, 8月に米国ニューハンプシャー州のダートマス大学において AI 研究者たちが集まって開催された会議（通称，ダートマス会議[3]）において人間の知的能力と同じ知的能力を持つソフトウェアの方向性を決める議論が行われた．この会議で初めて Artificial Intelligence: AI という用語が使われたので，この会議が AI 研究の開始点とみなされている．それ以後の AI の研究の歴史は AI と IA 各々の目的の対立，浮沈の入れ替わりとして位置づけられる．その経緯は多くの書物に記載されているが，最近の書籍としては文献［1］の第4章が優れた歴史的経緯の説明を提供してくれる．ダートマス会議では，人間の知的能力の中心と考えられた学習，発見，推論，自己改造などを計算機上でシミュレートするようなモデル化を AI の方向性と位置づけ，さらに自然言語処理，ニューラルネット，抽象化と創造性，計算機科学一般も射程に入れていた．現在からみてもまったく古ぼけた感じがしないテーマ群である．逆に言えば，人間の知能に関する本質的問題は当時からすでに網羅されており，かつそれらはいずれも解決が依然として困難な問題を多く含んでいる．この困難さは技術的な困難さというよりは，人間がどのような知的処理をしているかが分からないことに起因している．以降で述べるが，当初は人間が行っている知的メカニズムを調べ，それを模倣しようとしていた．

3.2.2 第1次 AI ブーム：論理学を基礎にする AI

ダートマス会議の主役の一人だったジョン・マッカーシーはプリンストン大学で数学の PhD を取得した数学者である．そのような背景

---

3 Dartmouth Conference. この会議には，John McCarthy（ジョン・マッカーシー），Marvin Minsky（マービン・ミンスキー），Claude Shannon（クロード・シャノン），Oliver Selfridge（オリバー・セルフリッジ），Allen Newell（アレン・ニューウェル），Herbert Simon（ハーバート・サイモン）など，後世の名の残る大研究者が揃っていた．

もあってか，AI を数理論理学に基づいたソフトウェアとして実現する方向を目指した．ギリシア時代のアリストテレスの論理学に始まる知的作業を数理論理的に定式化する伝統からすれば，マッカーシーの AI 実現へむけての方向は自然なものであった．この方向性で予算獲得と研究活動が盛んになった時期が「**第 1 次 AI ブーム**」と呼ばれる．

　知的操作の対象を論理学で記述できるものに限定し，操作を論理的推論と考えてみよう．こうすれば，マッカーシーの方向での課題は数理論理を直接扱えるプログラム言語の開発であり，マッカーシーはこの目的に沿った LISP という関数型プログラム言語を開発している．

　しかし，この方向の研究においてまず壁となったのは貧弱な計算資源であった．具体的に言えば，1970 年代までの計算機はメモリがキロバイト・オーダ，プロセッサ速度が 1 秒当りのメガ（10^6）オーダ個の命令を実行する程度だった．現代においては，メモリが百ギガからテラバイト，プロセッサ速度は 1 秒当り 10 ギガ（10^{10}）オーダ個の命令を実行できる．メモリは 10 億倍，プロセッサ速度は 1 万倍になっている．現在から振り返れば，当時の計算機では現実的な規模の問題が処理できないことは明白である．こういった問題点に研究者や開発者は薄々気づいていたが，とどめとなったのは 1965 年に発行された ALAPC レポート［2］[4] である．このレポートは，AI の主要プロジェクトの一つであった機械翻訳が当時の計算機技術では不可能であることを主張した．このような外部からの否定的な評価を契機に米国政府からの研究資金供給は細くなり，AI は冬の時代を迎える．

3.2.3　1 回目の冬の時代：基礎ツール開発の時代

　機械翻訳ではなく，テキストを対象にする知的操作としてはワードプロセッサがあげられる．IBM によってワードプロセッサが開発されたのは 1960 年代後半である．日本語ワードプロセッサの基幹ソフトである「かな漢字変換」が開発，実用化されたのは 1970 年代後半

4　ALPAC レポートでは，計算機による自動的な機械翻訳の不可能性とともに，1965 年当時としては，機械翻訳を目指すなら，まず言語学の計算的側面（計算言語学）の基礎的研究をすべきであると提言している．

48　第 3 章　AI 技術の簡略史

であった．これらは明らかに AI ではない．一方，人間のテキスト入力のうち，かな漢字変換のような知的な作業の支援ツールは人間の知的作業の支援という意味で IA のソフトウェアである．以上は，テキスト分野の話だが，1960 年代後半から 1970 年代中盤までは種々の IA 開発に努力が傾注された時代であった．この冬の時代の間に，メモリはメガバイトのオーダ，プロセッサ速度は 1 秒間に 10 メガから 100 メガ命令のオーダに進化してきた．マルチウインドの GUI（Graphic User Interface）が出現したのもこの時代である．

3.3 二度目の夏と冬

3.3.1 エキスパートシステム

厳密な論理的推論に基づく AI は実用的な成果をあげることができなかったが，1970 年代後半になると，現実的な問題を専門家に代わって知的に解決するエキスパートシステムが提案され，「**第 2 次 AI ブーム**」を迎える．

エキスパートシステムでは知識を

「事象 A が成り立てば事象 B が成り立つ」

という規則，すなわち if A then B という if-then ルールで記述する．if-then ルールの集合と既知の事実の集合を合わせたものを「知識ベース」と呼ぶ．

エキスパートシステムでは，知識ベースを使って推論する．例えば，以下の 2 個の if-then ルール

if X さんは論理的思考が得意 then X さんはプログラムが得意 (3.1)

if X さんはプログラムが得意 then X さんは AI 開発が得意　(3.2)

と

太郎さんは論理的思考が得意 (3.3)

という事実があれば，(3.1), (3.2) の 2 個の if-then ルールと事実 (3.3)
を用いて

太郎さんは AI 開発が得意 (3.4)

という結論を出すという推論を行う．この推論は与えられた事実：
A に if A then B というルールを適用して B を導く．さらに if B then
C というルールがあれば，これをすでに導かれた B に適用して C を
導く．このようなルール適用を繰り返して種々の結論を導く方法を
「前向き推論」と呼ぶ．前向き推論の詳細とそれに伴う問題点は A.1.1
に記載した．

逆に，「太郎さんは AI 開発が得意」という結論が成立するかどう
かを if-then ルールを逆方向にたどって確認する「後ろ向き推論」と
いう方法もある．つまり，C という成立するかどうかを調べたい結論
があったとき，if B then C というルールに適用して，B を導く．この
とき B が事実として知られていれば，C が成立することが確認でき
る．あるいは if A then B というルールがあれば，これを導かれた B
に適用し A を導く．以下このように then の部分から if の部分を導
き，それが事実として知られているかを順次調べて，最初に調べた
かった結論が成立するかどうかを調べる仕組みである．後ろ向き推論
の詳細とそれに伴う問題点は付録 A.1.2 に記載した．

知識ベースに基づき if-then ルールの連鎖を前向きあるいは後ろ向
きに辿る推論システムは，論理学に基づく数学的に厳密な推論よりも
理解しやすい．また，if-then ルールの意味も直観的に分かりやすく，
数理論理学の専門家でなくてもルール作成ができた．そのため，種々
の応用領域に適用する研究開発が盛んに行われた．こうして開発され
た推論システムは専門家の肩代わりをすると期待され，エキスパート
システムと呼ばれた．病気の診断を行う MYCIN などが有名である．
これが第 2 次 AI ブームである．このブームは 1980 年代後半まで続

50 第 3 章 AI 技術の簡略史

いた.

3.3.2　エキスパートシステムの問題点

　しかし，前向き推論も後ろ向き推論も調べなければならない if-then ルールの数が，推論の連鎖が長くなるにつれて指数関数的に増大するため，大規模な知識ベースを扱う場合には付録 A.1.1，A.1.2 に記載したように膨大なメモリ量と，ときには非現実的な長さの計算時間を必要とした．実用化を目指して大規模な知識ベースを持つエキスパートシステムを開発しようとすると，このことは障壁となる.

　さらに，より深刻な問題は if-then ルールを，エキスパートシステムを適用する問題の分野の専門家が自分自身の知識によって作らなければならなかったことである．ルール作りは専門家にとってすら大変な作業で，大規模ルール集合を作る際の障害になった．具体的には以下の問題点がある.

①対象分野の知識を漏れなくルール化できているかどうかのチェックは専門家の人手で行う必要がある．ただし，専門家は自分の専門分野について熟知していても，それをルールとして体系化できていないことが多いことが，実際に知識ベースを構築する過程で明らかになった．したがって，人手による知識ベース構築は困難に直面した.

②知識ベース中のルールに矛盾するものがあると，同じ結論が成立したりしなかったりするので結果に信頼性がなくなる．だが，大規模な知識ベースにおける矛盾の有無をチェックすることは膨大な計算量を必要とし，非現実的である[5].

③ルールの信頼性の数値を与える方法も検討された．しかし，その計算法を与える数理的に整合性のあるモデルを確立することは困難である．だからといって人手で決めると，得られた結果の客観

5　可能な推論の連鎖のすべてをチェックしなければならないので，1個の推論でさえ膨大な計算が必要であるのだから，全く非現実的であることが分かる.

的な信頼性が低下する[6].

こういった問題点は結局，知識ベース構築の困難さといえる．換言すれば，知識獲得の困難さが障壁であり，エキスパートシステム開発研究の内部では抜本的な解決策が見出されなかった．

3.3.3 論理学を基礎に置く AI の挫折

マッカーシーらは従来からの論理学を基礎に置く AI の中で②の問題を解決しようとした．通常の論理では知識が追加されても，それまでに成立することが証明されていた結論は否定されない．しかし，このような性質（単調性と呼ばれる）は，現実の知識追加の局面では理想的すぎる．そこで，知識の追加によってそれまで成立していた結論が否定されることがありうる非単調性を持つ論理[7]をマッカーシーらが考案した．たとえば，「鳥は飛ぶ」という結論が，ペンギンは飛ばないという知識の追加で否定されてしまうという状況である．一見，現実に対応するようだが，結局は知識ベースの無矛盾性を調べることが必要で，数学的に込み入った仕掛けを必要としたため，たくさんの論文は書かれたが，現実問題に応用できる成果に結びつかなかった．

日本でも第 2 次 AI ブームの時期に AI の研究は注目された．特筆すべきは経産省（当時は通産省）が主導して 1982 年に開始され 10 年間続き，約 500 億円を投入した「第五世代コンピュータ」を開発するプロジェクトであった[8]．第五世代コンピュータはプログラム言語として一階述語論理[9]に基礎を置く論理型言語 Prolog を採用し，Prolog 言語の処理に特化した並列マシンである．論理型言語は述語

---

6 人手で決めるとは人間の直観や経験に基づいて決めることだが，数理的なモデル化も証明もされていない．ときには「ヒューリスティック」という言葉を使って言い繕うが実体は変わらない．

7 非単調論理と呼ばれる．デフォールト論理，Circumscription などがある．

8 もちろん，それ以外にも知識を扱う工学的側面のテーマも研究対象であった．

9 一階述語論理の式の簡単な例を示す．x は変数とする．式 $\forall x$ 人 $(x) \rightarrow$ 死 (x) は「すべての x は，人であれば死ぬ」を意味する．式 $\exists y$ not（死 (y)）は「死なない y が存在する」を意味する．

論理表現と論理式の証明を推論とする AI の実現手段である．与えられた論理式の推論に失敗したら，その論理式は否定されたとみなす閉世界仮説を採用している．閉世界仮説は非単調論理の推論方法の一種[10]である．

　論理型言語を実行する特殊な並列マシンの開発まではたどり着いたが，現実的ないし実用レベルの応用にはつながらなかった．並列マシンを開発しても，本質的問題である知識獲得には寄与しなかったといえよう．そういった意味から第五世代コンピュータは論理を基礎に置く AI の最後の栄光だったかもしれない[11]．第五世代コンピュータのプロジェクトには当時の日本における計算機科学分野の優秀な研究者が大学，企業から多数参加し，彼らによって多くの論文が書かれたが，具体的応用につながったものは少なく，10 年間のプロジェクト期間が終了すると散り散りに分かれてしまい，大きな勢力として存続しなかった．この時期はちょうどマイクロソフトの OS である Windows が出現し，インターネットの普及が急速に進んだ時期に重なる．歴史に if はないと言われるが，第五世代コンピュータのプロジェクトに投入された人材や予算が別の分野，例えば OS[12] やインターネット検索エンジン[13] に投入されたら，状況はまったく違っていたかもしれない．私見ではあるが，社会でのニーズを見抜いてインターネット時代の OS に連邦政府も巻き込んで資源投入したマイクロソフトのビル・ゲイツと，数理モデルの面白さだけに突っ走って貴重な国

---

10 つまり，Prolog のプログラムに新しい知識（事実あるいは脚注 9 で示した∀のついた論理式）が追加されると，今まで成立しなかった結論が成立するようになることもある．つまり，否定されていた結論が肯定されるという現象が生ずるため，非単調論理とみなすことができる．ただし，成立する結論，しない結論のすべてがあらかじめ分かっているわけではない．

11 第五世代コンピュータについては現在入手可能な書籍は少ないが，Wikipedia：https://ja.wikipedia.org/wiki/ 第五世代コンピュータ　に現時点（2018 年 1 月）からみた評価が書かれている．

12 当時有力と考えられていた日本発の OS に坂村健（当時，東京大学教授）が考案し開発した TRON がある．

13 第五世代コンピュータの時代に，日本の大手電機メーカの研究者はすでに Google のような検索エンジンのアイデアを内々では考えていたらしいが（私信），当然のごとくそのような先進的なアイデアは電機メーカの上司には無視されたようである．

家予算を投入した日本の勝敗は最初から決まっていたのかもしれない．筆者はこのころから，理工系，技術系の研究者，開発者といえども，社会状況，人々の真のニーズ，法律などの総合的視点の中に自分の技術を位置づける能力を持つことが必要だと考えて今に至っている．

以上のような経緯を経て，1990 年代に入るとエキスパートシステムへの熱狂は冷め，第 2 次 AI ブームは終わり，AI は再び冬の時代に入る．

3.3.4　2回目の冬の時代：インターネットとデータ

テリー・ウィノグラードは第 1 次 AI ブームにおいて既に AI の研究に参加していた．MIT の大学院生時代から手掛けた SHRDLU[14] は以下のような自然言語インターフェースを持つシステムである［1］．

①計算機内部に「赤い箱」，「緑の円錐」などが 3 次元空間に配置された積木の世界のモデルを持つ．
②自然言語（英語）で「赤い箱の上に緑の円錐を置け」というような言語表現を与える．
③ SHRLDU は②の自然言語表現を理解し，積木の世界のモデルをこの言語の命令の通りに作り替える．

このシステムは AI が人間と会話して動作する AI の成功例として有名になった．ウィノグラードは後に西海岸のスタンフォード大学に移り SHRDLU の自然言語理解の能力を実用レベルに引き上げることに努力を注いだが，結果ははかばかしくなかった．ウィノグラードは言語学にも高い素養を持っていた．しかし，言語表現が実世界とどのように結びついているかという問題は予想を超えて難しかった．

実は，近代言語学の祖であるソシュール以来，言語学においては言語の構造を精密に分析することが主流であり，言語表現と実世界の関

14　文献［1］の 5 章に SHRDLU の動作の具体的な説明がある．

54　第 3 章　AI 技術の簡略史

係を明らかにするという問題は傍流であり続けたと言ってよいようだ．結果として，言語表現と実世界のモノゴトとの関係の明確化という問題に革新的な進歩はないと言っても過言ではない．言語の構成単位である記号を現実世界のモノゴトに結び付けるタスクは記号接地問題（symbol grounding problem）と呼ばれ，AI 研究においてはいまだに解決されていない．この状況は，言い換えれば，自然言語理解の困難さはプログラミング技術ないしアルゴリズムの問題というより，対象となる自然言語処理が実世界をどのように切り出して表現するかという本質的な部分の知識と技術が未成熟だったことに起因する．

　自然言語処理の問題の本質的困難さに直面したウィノグラードは AI に疑義を抱き始め，チリから亡命した科学者フェルナンド・フローレスや，UC バークレイのヒューバート・ドレイファス，ジョン・サールという反 AI の哲学者と交流を深めるうちに，「コンピュータと認知を理解する」［3］を著して，ついに AI と袂を分かった．その代わりに計算機を人間の知的能力を拡張する方向，すなわち IA の研究に移った．

　ウィノグラードが指導した大学院生の一人にラリー・ペイジがいた．ウィノグラードの指導の下，ペイジは Web ページ全体をダウンロードし，Web ページ間のリンクを使って Web ページ作成者の行動，価値観などを抽出し，さらに Web ページの重みづけに関する研究を行った．1989 年にペイジは親友のセルゲイ・ブリンとともに検索エンジンをビジネスとするベンチャー企業を立ち上げた．これが Google である．

　Google の検索サービス企業としての成功と普及，ないしは Web 全体から Web ページという巨大なデータをダウンロードするというアイデアは，インターネットから巨大な生データ資源を入手するという前代未聞の技術状況を生み出し，人間がその知識源として使える範囲をインターネット全域に拡大した．つまり，人間の知的作業の支援，増幅という意味では IA そのものである．

　第 2 次 AI ブームの問題点の一つに，人手による知識ベース構築の困難さがあった．ウィノグラードが苦戦した自然言語理解において

は，対象とする問題に関する if-then ルール以外に世間常識や百科事典的知識が必要になる．1990 年以前には，そのような知識ベースは人手で作るしかなかった．自動的に知識を生成する研究［4］も行われたが実用レベルには至らなかった．だが，2001 年にジミー・ウェールズとラリー・サンガーによって開始された「ウィキペディア（Wikipedia）」[15] は状況を一変させた．

ウィキペディアは，記事の投稿に際して基本的に専門家による査読がなく，不特定多数の利用者が投稿するというインターネット上の百科事典である．このことが世界中の専門家の投稿を促し，短期間に膨大な項目をカバーする百科事典構築を可能にした．一方で，査読がないため，情報の信頼性・信憑性や公正性などは一切保証されていない．しかし，編集者らが a）対立する意見を持つ者たちが行う編集合戦，b）荒らし，c）記事の偏りなどを防ぎ，有意義な百科事典であるように努力をしている．

ウィキペディアでは，一般的な項目に加えて，人名，イベント名などに関する記述も充実している．2016 年現在で，291 の言語をカバーしている．言語によって項目の多寡はあるが，14 言語において 100万項目以上に達している．さらにウィキペディア全体のダウンロードないし DVD での入手も可能であり，人類共通の知識資源として特筆に値する．現在，多くの自然言語処理研究プロジェクトでウィキペディアは必須の情報資源になっている [16]．

ウィキペディア作成に関しては，AI 的技術要素は少なかったが，人間の役立つツールという意味からして IA と位置づけられる．

こうして第 2 次の冬の時代を振り返ると，実世界の変化を促進する技術が革命的に進展した時代だったといえよう．筆者の個人的感覚としても，この時代は決して研究開発の低迷期ということはなく，いろいろな未来像が広がりつつある時代であった．逆説的だが，AI は冬

---

15 https://ja.wikipedia.org/wiki/ ウィキペディア

16 たとえば，情報学研究所の新井紀子教授が進めた「ロボットは東大に入れるか」プロジェクトではウィキペディアが必須の情報源になっている．概要は次のウィキペディアの項目を参照していただきたい．https://ja.wikipedia.org/wiki/ 東ロボくん

の時代にこそ本質的な進歩をしている．そのような底流に機械学習と深層学習があったのだが，それらについては第 3 次 AI ブームの項で述べる．

3.4 三回目の夏

3.4.1 第 3 次 AI ブーム　その 1：機械学習とデータマイニング

　第 2 次 AI ブームの隆盛と，そして衰退の原因にもなった if-then ルールを中心にする知識について再考してみよう．

　if A then B というルールは A が原因になって B が起きるというのが直観的なルールの意味である．これは，素直に読めば「A が原因，B が結果」を表す因果法則と考えがちである．ただし，因果という概念自体が哲学的には議論の対象であり，対象物 A と B に関する客観的関係ではなく，人間が「A が原因，B が結果」という認識をしたという人間側の主観によるという捉え方もある．このように因果という概念自体が揺らいでいるので，if-then ルールが因果法則を表すという単純化はできない．

　因果の定義に関する哲学的議論は棚上げにし，「A が条件，B が結論」という素朴な直観から始めても，if-then ルールには以下のような知識の表現の精密さと膨大さに係わる深刻な問題がある．結論 B が「良い研究成果」とし，A がそれを実現する条件を考えると以下のようなルールが書ける．

　　if（（大量の文献調査 and 既存文献の欠点を発見
　　and 欠点克服法を発見）
　　or（しっかり思索　and アイデアが閃く））then 良い研究成果　(3.5)

　式 (3.5) のように，if A の条件 A は複数の条件がすべて成立する，つまり and で結合する場合があり，さらにこの and で結合した複合

的な条件が複数あって，そのどれかが成り立てばよいという or 結合
をしていることが一般的である．

　ルールの精密さをあげようとすれば，and で結合される条件の数を
多くすることが必要である．上の例なら，「しっかり思索」に加えて
「十分な研究時間がある」も必要かもしれない．このように and 結合
条件は長大になりがちである．ルールのカバー範囲を広げようとする
と，or 結合される条件を増やす必要がある，上の「良い研究成果」
の例なら，（ビジネス経験が豊富 and 既存ビジネスモデルの弱点を熟
知）を or で結合して増やしてもよい．良い研究成果に至る条件は数
えればどんどん増加するであろう．こうしてルールは 1 個の結論をえ
るだけでも以下の式 (3.6) のように複雑化の一途をたどる．

if　（　（A1 and A2 and ……………　An）
or（B1 and B2 and …………．　Bm）
or（C1 and C2 and ……　　　　）
or …．
:
or（Z1 and Z2 and ……　　　　）　）
then R   (3.6)

　このように膨大な条件を持つ if-then ルールを大量に人手で作って
いくことは大変な作業であり，この作業がルールの対象分野の人間の
専門家にはとても対応しきれないことが顕在化した．留意すべきこと
は，条件の一つが別のルールの結論になっていることが頻繁にあり，
その場合は膨大な条件を持つルールが連鎖するため，ある結論を得る
ための推論は膨大なルール連鎖を追跡しなければならない．仮に if-
then ルールの条件部分が平均 N 個の and 結合した条件からなり，さ
らに and 結合条件が平均 M 個存在すると，ルールを K 回連鎖した場
合にチェックする条件の数は最大で $(NM)^K$ となり [17]，莫大な計算時

─────────────
17　数学的には O（$(NM)^K$）という計算量で表す．

58　第 3 章　AI 技術の簡略史

間ないし記憶容量が必要である.

さらに条件が追加されると,それ以前に作られたルールと矛盾する結果が導かれることがありえる.例えば,if 鳥 then 飛ぶ –a)というルールに,if ペンギン then 飛ばない –b)と if ペンギン then 鳥 –c)というルールを追加すると,ペンギンは,飛ぶ／飛ばない,の両方の結果が得られ矛盾してしまう.これはすでに述べた非単調性である.一見,簡単な状況に見えるが,複雑な条件を持つルールが膨大な数存在すると,すでに述べたように,人間ではもちろん矛盾の発見と対策は実質的に不可能だし,機械的に行うにしても無矛盾なルール集合にするには膨大な計算量が必要になる.

(1) if-then ルールから相関関係へ

このような困難の原因は if-then ルールを「原因と結果」あるいは「条件と結論」という論理的な観点から捉えようとしたことに起因する.そこで,論理的な意味合いは捨ててしまい,if A then B を「A と B の間に相関がある」という捉え方が注目され始めた.相関関係なのだから,反例,あるいは矛盾した結果がでても困ることはない.結果の信憑性が条件や原因との相関の強さに依存していると考えればよい.

この捉え方の最大の利点は人手でのルール作りは不要で,大量のデータから A と B の間の相関の強さ[18]を計算するだけでよいことである.つまり,計算機処理すべきことは,高い相関関係をもつ事象のペアを発見することになる.このペアの一部はデータマイニングにおいては相関ルール[5]と呼ばれるが,詳細は付録 A.1.3 に記す.大雑把にいえば,これが機械学習あるいはデータマイニングの出発点であり,第 3 次 AI ブームの起点となる.

相関関係に基づくルール作りでは,ルールの信頼性を確保するために大量のデータが必要になる.1990 年代以降,インターネットの発展とディスクの大容量化,低価格化が大量データを収集,蓄積する環境を整えたため,実用に供する質のルールを作り出せる情報環境が

---

18 例えば,統計学で使う相関係数など.

整った．例えば，Googleのような検索エンジンを用いれば，同じトピックを扱う文書，あるいは特定の分野の論文などを容易に集めることができるので，質の揃った文書やデータを収集することが可能である．相関関係は統計学では古くから研究されてきた分野であり，情報環境の発展が統計学を実用的なAI，すなわち統計的機械学習[19]としてデビューさせたといえる．

3.4.2　第3次AIブーム　その2：深層学習

トロント大学のジェフリー・ヒントンは第2次AIブームのころから，深層学習の原型となる「ニューラルネットワーク（Neural Network）」の研究を続けていた．ニューラルネットワークは人間の脳において神経線維たちが構成するネットワーク構造に類似しているという意味でこの名前が付いた．その前身である「パーセプトロン」は非常に単純な構造だったが，かなり強力な機械学習アルゴリズムであった．残念ながら図3.1に示すような排他的論理和という構造を学習できなかったため，大きな動きにはならなかった．簡単に言えば，この図において平面状に存在する2個ずつの●と✖を分離しようとすると横の実線，縦の点線のいずれか1本の境界面では分離できない．

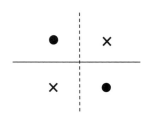

図3.1　境界面で分離できない例

---

19 以前は論理学に基づく学習と区別するために「統計的機械学習」と呼んでいたが，現在では大多数の学習がデータの統計処理に基づくものになったため，単純に「機械学習」と呼ぶようになってきている．機械学習に関しては多数の刊行物があるが，代表的な著作として文献［6］をあげておく．

さらに当時の計算機の性能では，図 3.2 のように 3 層程度のネットワークが限界であり，現実的な問題には対処できなかった．この図では，一番左側の第 1 層（入力層）に入ってきたデータの各々に重み付き和をいくつも作って，これを中央の第 2 層の要素とする．第 2 層の要素各々に重み付き和を第 3 層の出力結果とする．この例では，結果は●と✕のどちらかになる．つまり，与えられた入力データを●と✕のいずれかに分類するシステムとなる．

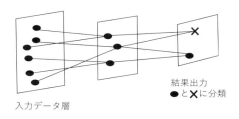

図 3.2　三層のニュートラルネットワーク

しかし，ヒントンらはあきらめずに研究を続けた．その結果，計算機技術，ビッグデータなどの情報環境の改善によって，各層を構成するデータ点の数と層数がともに大きく増えた．層が増えたことを"深くなった"という比喩で表して，「深層学習」と呼ばれる分野が確立した[20]．この技術には，層が深くなったことを象徴する Deep Neural Network 略して DNN という名前が付けられている．

機械学習の主要な目的である分類システムの自動生成では，データを種類 A と種類 B に分類するためには人手で A あるいは B という分類がされた大量のデータ，すなわち教師データが必要である．このようなデータが大量に存在すれば分類性能は向上するはずである．ところが，2000 年代初頭，従来の統計的な分類手法の性能は頭打ちの様相であり，種々の応用分野で 0.1% 刻みの分類精度向上にしのぎを削

---

[20] ヒントン等が 20 年以上にわたってニューラルネットの研究を続けられるポジションと資金を供給できたことが重要である．これによって，カナダは深層学習の工業拠点のひとつになれたわけである．果たして日本にこのような先見性と余力があるだろうか？

る状態であった．深層学習はこの頭打ち状態を劇的に改善し，10％程度の精度向上を画像認識の分野で実現した．深層学習は大量のデータを活用することによって，分類を行う関数をこれまでに類をみない複雑なものとした結果，上記のような劇的な性能改善に成功した．その仕組みの概要については付録 A.1.4 に記したので，興味のある方は参考にしていただきたい．

画像以外の情報源として期待されるのは，テキスト[21]である．テキストは文字あるいは単語の 1 次元のシーケンスすなわち時系列なので，時系列ではない 2 次元ないし 3 次元の画像データとは状況が異なる．そこで，時系列のシーケンスとして性質を層における自己回帰があるとして扱う手法である「RNN（Recursive Neural Network）」など[22]が導入され，高い性能が実現された．とくに機械翻訳においては翻訳の質が各段に向上した．例えば利用者が多い Google 翻訳[23]では，2016 年に深層学習を利用した翻訳システムに変更したが，その変更によって翻訳の質が各段に上がったという人が多い．

だが，ここで誤解してはいけない．機械翻訳は翻訳元も翻訳先も言語が違えどテキストである．例えば，日英翻訳なら，日英対訳辞書と大量の日本語と英語の対訳文書から深層学習すれば，意味内容の理解をしなくても，翻訳は日本語の単語パターンと英語の単語パターンの正しい対応を探すタスクに帰着できる．したがって，深層学習による機械翻訳はテキストの意味理解なしに実現している．

歴史を振り返ってみると，第 2 次 AI ブームのころまでは，日本語のテキストを人間並みに意味理解をさせ，その意味理解の結果を英語で作文するという方針が考えられた．しかし，これは成功しなかった．その代わりに 1990 年ごろから，二つの言語における単語パターンの対応付けという，いわゆる統計的機械翻訳[24]［7］に方法論が変

---

21 ここではテキストとして，音声認識の結果として得られた文も含むとする．

22 単純な RNN では時間間隔が長い事象の学習ができないので，「LSTM（Long Short Term Memory）」と呼ばれるアルゴリズムが用いられるようになった．

23 https://translate.google.co.jp/

24 短縮して "統計翻訳" と言うこともある．

英文	twelve noon sharp,　　an apple
日本文	ちょうど12時　　　　リンゴ

英文	twelve sharp,　　　　an apple
日本文	12時ぴったり　　　リンゴ

英文	12 sharp,　　　apple
日本文	ちょうど12時　リンゴ

:

英文	12 AM sharp,　　　an apple
日本文	12時ぴったり　　　リンゴ

日英の言い回し対訳辞書	
英語	日本語
twelve	12
twelve	12時
sharp	ちょうど
sharp	ぴったり
twelve sharp	12時ちょうど
twelve sharp	12時ぴったり
apple	りんご
an apple	りんご
:	:

統計処理による対訳抽出

図 3.3　日英対訳文からの言い回しの対訳抽出

化した．この方法の概念を図 3.3 に示す．

図 3.3 の左側の箱は日英の対訳文ペアを示す．箱の右側の部分には対訳文に出現した言い回しの一部（twelve sharp，12 時ぴったり，など）を記載した．そのような対訳文の集合が大量にあると，語順も考慮したうえで統計的に有意に同時出現する単語列つまり言い回しのペアを図 3.3 の右側のような日英言い回し対訳辞書として抽出する．このような言い回しの辞書を利用して，未知の文の翻訳を行う．ただし，翻訳された文は翻訳先の言語においても頻出するような自然な文であるという制約を与えて厳選する．

このような統計的手法により機械翻訳は大規模テキストデータが利用できるようになって性能があがった．深層学習はその方向での発展形となり，対訳データの規模が大きくなればなるほど性能がよくなる有力な仕組みをもっていることが Google 翻訳の成功で世界中の人々に認識された．

2016 年に深層学習に基づく囲碁ソフト「AlphaGo」が世界で 1,2 を争うプロの囲碁棋士に 5 番勝負において 4 勝 1 敗で快勝し，世界で注目を集めた．その 1 年後には，AlphaGo の後継ソフトはプロの囲碁棋士にも常勝するようになった．この囲碁ソフトは，勝敗という最終目的が定義できれば教師データなしに性能向上することが明らか

になった．つまり，囲碁のルールだけを与えておけば，深層学習の囲碁ソフト同士が対戦を積み重ねることによって，短時間に人間のプロ棋士を上回る能力を持つようになった[25]．囲碁ソフト同士の対局の経過（棋譜）は人間のプロが見ても理解を超えていることが多いといわれる．

深層学習はツールの普及に伴い，機械学習ひいては AI のあらゆる分野に適用されるようになってきている．しかし，囲碁の例でも示されたように，深層学習がなぜ高い性能を持つかは人間にも理解できず，処理過程の数理的構造も明確ではない．よって，深層学習の数理的モデル化や正解への収束性能の限界に関して研究が続いている．もし，深層学習の仕掛けの実相が明らかになれば，深層学習で解決できる問題／できない問題や，その適応能力の限界などが明らかになっていくだろう．

3.4.3　深層学習の先行きは不透明

深層学習はその性能の高さから人間並みの知能を実現するのではないかと期待する人も多い．たとえば，AI が長い歴史の中で深層学習によって初めて目を持ったので，いよいよ人間に近づくという松尾豊氏の意見[26]もある．たしかに画像に映っている料理の種類を認識でき，人間の顔が映っているとき，それが誰であるかを同定（identify）できるようになっている．ただし，これらは各種料理の画像に料理名が付加されたデータや人名が付加された人間の顔画像が大量に与えられた状況だからこそできる．こういった画像へのテキストなどによる情報付加は深層学習とは別の仕掛けで行わなければならない．よって，深層学習はデータさえ与えれば何でもやってくれるという誤解をしてはいけない．

より現実的応用を目指して，画像に映っている料理が自分の好みにあうかどうかを推定したいとしよう．そのためには，その料理の性質

25　対戦回数は千万回オーダと言われており，人間 1 人の一生の対局数よりはるかに多い.

26　https://mobilus.co.jp/cac/2018/report02

（味，風味，歯ざわりなど）の情報が必要だが，この情報は人間自身が料理の画像を見て計算機に教えてやらなければならない．あるいは，人間の顔画像が認識できても，認識結果の人物がどのような人物かを知りたいという要求に応えたいとしよう．その人物に関する情報は，他の情報源から探してこなければならないし，その人物の性格などはその人の知人があらかじめ与えておく必要がある．このような画像以外の情報と有機的につながるネットワークの構築は，これからの研究テーマである．

テキスト理解の場合，第一に単語の意味はあらかじめ辞書として準備しておかなければならない．しかも，一つの単語に複数の意味があるとき，正しい意味を選択する問題は難解で現代の自然言語処理技術でも完全に解決できているわけではない．テキストにおける複数の単語の間の係り受けなど関係は構文解析や意味解析と呼ばれる自然言語処理技術で推定することになるが，非常に難しい処理であり，高い精度は出せていない．例えば，構文解析において1文の中の単語間の係り受け関係を推定する問題は特に精度が出ない．仮に1個の係り受け関係が90％の精度があったとしても，1文中の係り受け関係の総数が5個だったとすると，1文全体を正しく係り受け解析できる確率は60％程度になってしまう．さらに文の意味理解をするには各単語の意味の曖昧さも取り除かなければならない．このような人間並みのテキストの意味理解の可能性については，この章の最後にもう一度考えてみることにする．

このように考えてくると，深層学習は人間と同じように画像理解やテキスト理解をしているわけではなく，むしろデータの量の多さを活かす方向で認識の精度を向上させる技術である．人間とは異なる方向であるものの，性能的には非常に優れた機械学習の方法ないしツールとみなしたほうがよさそうである．その性能の良さを生かす応用分野の開拓は，今後有望なAIの発展の方向となるだろう．

3.5 ロボットにおける包摂アーキテクチャの提案

　以上では，人間で例えれば，頭脳の知的作業だけを対象にした AI の議論であった．一方，現実世界の応用においては身体を持つ AI，すなわちロボットが重要である．伝統的にはロボットの手足は頭脳である AI によって制御されてきた．

　しかし，人間の場合，例えば歩いているときに足の筋肉にいちいち意識的に指令を出している感覚はない．むしろ無意識で歩いていて，路面の状態が変わったり，躓いたりしたときにだけ足を意識する．このような直観に沿うロボットの構造としてロドニー・ブルックスが「包摂アーキテクチャ（subsumption architecture）」を提案した［8］．

　包摂アーキテクチャは，実世界において知的な振る舞いをしているように見える昆虫の模倣からスタートした．足の裏のような限定された環境からの入力に対応する比較的単純な基本ユニットから構成される．単純な基本ユニットだけで環境に対応しきれなくなったときだけ，周辺のユニットや上位のユニットと通信してその状況に対応していく．例えば，歩いているとき，通常の歩行は歩行専用のユニットだけで対応しているが，躓いて転ばないように踏ん張るとか，手を突くというような状況に対応するためには別のユニットと通信して対処する．

　文献［8］にはなぜ第 2 次までの AI ブームが失速したかも分析してある．ブルックスは，人間の知能を大きな塊のままで計算機で実現しようとして，その複雑さについていけなくなったことを失速の原因と考えている．その反省から生まれたブルックスのアイデアは，知能全体のデザインや知識表現を排除しており，上記の歩行の例のように実環境に対してリアクティブに反応し動作するタスク分解型のモジュールの組合せからなる．モジュール間は単純な数値や短いテキストなどの簡単なメッセージ通信だけで結合するシステムである．にもかかわらず，実環境に適応して動作することを実証しており，現代のロボットのアーキテクチャへ与えた影響は大きい．

そして，ブルックスはニューラルネットワークは各要素が非常にシンプルだとしている．確かに深層学習においても，各層のコネクションは隣接する層の要素を重み付けで接続して非線形関数を適用するという一様な構造であるという意味ではシンプルである．このようなシンプルかつ一様な構造で高次の知的振る舞いを構築することを批判し，一方で包摂アーキテクチャは一つのモジュールはその行動の意味が理解できるような大きさだとしている．この批判は，深層学習がブラックボックス化しているという現状に対するアンチテーゼとして依然として効力ある批判になっている．筆者の私見では，包摂アーキテクチャの一つのモジュールは比較的シンプルな深層学習で構築されてもよい．言い換えれば，深層学習はAIのツールであるという立場に立つなら，このような内部構造や動作の意味が人間にも理解できるモジュールを深層学習で構築することは有力である．またモジュール間の連結方法にも深層学習の知見を応用する方向は有力であると考えている．ブルックスの論文［8］はAIの論文だが，哲学的，科学史的観点からみても重要な指摘がされている．

3.6 未解決問題

AIの2回の冬と3回の夏を辿り，現実世界のロボットから独自のアイデアである包摂アーキテクチャについて説明してきた．第3次ブームの深層学習は確かに強力なツールだが，AIを巡る古典的かつ基本的な問題を全て解決できるようなものではないことも理解できた．この節では残されている代表的な未解決問題である記号接地問題とフレーム問題，さらに『人間の理解とは何か』について説明する．

3.6.1 記号接地問題

AIの扱う対象は情報である．一方，人間が生きているのは物理的な世界である．人間は当初，物理的世界の物事を参照，あるいは指示するために「記号（symbol）」を発明した．当初の状態では物理的世

界の実体と記号との1対1の対応付けはまことに明確であった.

　ところが,記号は徐々に自立し始める.例えば,「馬」という記号は特定の馬を表すこともできるし,馬という種全体を表すこともできるし,日本語においては1頭の馬,2頭の馬など数の曖昧さも含んでいる.馬のような物理的実体だけではなく,走る,痒い,痛い,嫌い,などいう行動や感情は記号であるこれらの単語との対応が非常に難しい.さらに,数字は記号であるが,物理的実体を大きく抽象化している[27].モノの位置関係を表す「前」「後ろ」は物理的なモノの位置関係から転用され時間的な関係を表すようになったため,日本語文で前,後ろという単語が位置か時間かを判定しなければならない[28].「甘い」は甘い味覚かモノゴトの容易さを表す比喩かという判断も難しい.極めつけはわざと逆の言い方をするケースで,「ヤバい」は良くない意味なのに最近では極めて良いモノという意味で使われる.

　こういった複雑な事態において,ある記号が物理的世界あるいは抽象的世界のどのモノゴトに対応しているかを確定する作業を「記号接地問題(symbol grounding problem)」と呼ぶ.テキストや音声で表現された記号に対応する現実世界のモノゴトを「意味」と呼ぶ.ただし,記号の意味が記号で定義されることもあるため,事態はややこしいことになっている[29].上で述べたように一つの記号の意味が表面上は複数あるという曖昧さがあるため,人間が発達させてきた自然言語では,曖昧さを解消して記号に一意的な意味を割り当てる種々の仕掛けを発達させてきた.それでも現実にはときどき曖昧さを解消できない事態が生じる[30].

　AIの一分野である自然言語理解の技術が記号の意味を確定することに成功しているかと問われれば,相当低い確率でしか成功していな

27　例えば,1,2,3という記号は0で表される概念の次の数,次の次の数,つぎのつぎの次の数,といった具合にある意味では物理的世界から独立した抽象的概念である.

28　英語でも単語が位置関係から時間関係に転用されることは見られる.例えば behind.

29　意地悪い例を挙げれば,「記号」という単語の意味は自分自身すなわち「記号」である.

30　落語のオチなどはわざと記号の曖昧さを利用して,話の捻じれで聞き手を楽しませる.

いと答えざるをえない．また，文のレベルになると絶望的と言っても
よいほどである．有名な曖昧文として以下のようなものがある．

　英語の例：He saw the girl with a telescope.
　日本語の例：太郎は次郎と花子を押した．

　これらの例文を我々が読んで意味理解している作業から推測できる
ように，文が表現している係り受けなどの構文構造の曖昧さを，その
文の表しそうな状況を頭の中で想像することによって解消している．
英文では，女好きな男 He のアパートの対面のマンションの部屋に美
人が住んでいるという状況なら，telescope を持っているのは girl で
はなく He だと解釈するだろう．このように文を理解するために想定
する状況を「文脈（context）」と言う．そして，人間は文の意味理解
に文脈をフル活用している．しかし，自然言語理解の技術としては，
意味理解における文脈利用を自動化するという問題がなかなか解決で
きないのが現状である．

3.6.2　フレーム問題

　上の記号接地問題を文の意味理解に拡大したとき問題になった適切
な文脈を現実世界から切り出して設定することを「フレーム問題
（frame problem）[31]」と呼ぶ．文脈の候補になりそうな状況は現実世界
あるいは仮想世界に大量に存在するので，どの候補をどのように選ん
でくるかは自由度が高く機械的な方法で決めることは困難である．テ
キスト理解を例にして説明してきたが，画像や映像の理解でも似たよ
うな問題が生じる．フレーム問題は AI 技術が進歩した現在において
も解決困難な問題とされている．

31　フレームとはカメラの視界で捉える範囲ということだが，現実世界から焦点を当てる
ために切り出した文脈をアナロジーで表現した言葉であると筆者は考えている．

3.6　未解決問題　　**69**

3.6.3 人間は解いているのか？

人間は記号接地問題やフレーム問題を解いてテキストやモノゴトを理解し生活している．一方，AI はこれらの問題につまずいてたじろいでいるようである．そんな状況からみて，記号接地問題やフレーム問題を解けることが「汎用 AI[32]」への重大な一歩であると考えることができる．しかし，現状ではこれらを解くことができず，汎用 AI の実現を危ぶむ見方もある［9］．

だが，よくよく考えてみると人間だって記号接地問題やフレーム問題を 100 ％解けているわけではない．フレーム問題を解きそこなってテキストの意味を誤解してしまうことは頻繁に起きる．つまり，人間にすら完璧に解けていない記号接地問題やフレーム問題の 100 ％正解を AI に求めるのは要求が高すぎるのではないか．かりに，ときどき間違うことを許容した記号接地問題やフレーム問題の近似解を出せる AI を実現できたとしよう．AI が出す近似解が人間に近い正解率を示せれば，その AI は人間と同質，あるいは非常に賢くみえるかもしれない．このレベルの知的能力を持つ AI は，かなり近い未来に文脈の候補をある程度限定できる応用を実現するだろう．例えば，AI 技術によって実現が近づいている通常の道路を走行できる自動運転車は，フレーム問題で考慮すべき文脈をあらかじめ道路という限定された空間に適用することによって，実用化が間近である．

3.6.4 不都合な現実

さて，フレーム問題を概観できたところで，あるタイプの AI 研究者にとって不都合な現実を紹介しておこう．まず，解こうとしている問題の分野における知識を分析，整理して活用しようとする「知識重視派」と，とにかくデータを大量に集めて計算機のパワーでデータマイニングや機械学習して回答を得ようとする「パワー重視派」とに分けて考えてみる．歴史的な研究成果の推移をみると，問題に取り組み始めた当初は知識重視派がそこそこの成果をあげるのだが，時間が経

---

32 人間と同じような質の処理をできる AI. 1 章の AGI と同じ.

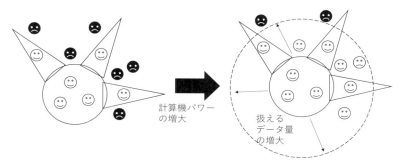

図 3.4　知識重視派 vs パワー重視派

過して計算機パワーが向上し，入手できるデータが増えてくるとパワー重視派の成果が知識重視派を上回るようになることが大方の分野で起こってきた［10］．これは理論的に証明されているわけではない．あくまで AI の歴史 60 年における一般的傾向である．筆者はこの傾向を図 3.4 のように捉えてみた．

図中☺は既に扱えるようになった知識，☹はまだ扱えていない生のデータを表す．最初は図の左側の状況で，中央の円形内部の三個の知識が扱えた．三角形は知識重視派の人間の専門家が研究開発して扱えるようにした知識の領域で，各三角形ごとに 1 個ずつの知識☺が扱えるようになった．知識重視派が勝っている状態である．とはいえ三角形のカバーする領域は全体のごく一部である．やがて計算機パワーが増大し，右側の破線の円のように対象とできるデータが増えるとそれらを知識☺として扱えるようになる．

この図では破線の円への拡大によって 4 個の知識が増えた．ただし，人間が知的作業で拡大した三角形のカバーする範囲に比べて，計算機パワーで拡大した領域はデータを選ばず適用されるので相当に広い．このためパワー重視派が扱える知識の量は拡大しパワー重視派の成果が勝つことになる．

この傾向をフレーム問題に関連させてみると，研究者が分野の状況を分析して，問題解決に役立つフレームを知識化して切り出してみても，時間が経つにつれてデータ量と計算機パワーで押し切られてしま

うということだ[33]．つまりフレーム問題の解決に必要なのは大量の
データと計算機パワーという身も蓋もない結論に達してしまう．長い
年月をかけ，学者たちが苦労して集積してきた知識は，無機的なデー
タと計算機パワーに主役の座を譲るようなのだ．この傾向がずっと続
くとすると，知的処理能力の点で人間を上回る汎用 AI が実現しそう
であり，かつその AI の動作の理解は人間には不可能なブラックボッ
クスとなっていく[34]．そのとき，人間の役割は果たしてなにか残され
ているのだろうか？このような人間にとって不都合な真実に向き合
い，答えをみつけなければならない時代は意外に近いかもしれない．
一方で，計算機のパワーが指数関数的に上昇するムーアの法則はもは
や物理的限界だという考え方があり，そうなると不都合な現実は起き
ないかもしれない[35]．

3.7 今やらなければいけないこと

　本章の最後に今 AI を使おうとしたときの状況についておさらいし
ておく．

　種々の産業分野で生産性の向上を目指した AI の利活用が期待され
ている．筆者が企業と行った共同研究の経験と企業の方々からお聞き
した意見を元にして考えていることなので，正しいとは言い切れない
が，AI の利活用に興味のある方の役に立てる情報であれば，筆者に
とっては望外の幸せである．

　深層学習は従来の AI の学習手法に比べて強力ではあるが，それが

33　この現象は機械翻訳では典型的に表れた．当初は言語学者の知識によって切り開いて
いた技術が，現在ではテキストデータの大規模さと計算機パワーをフル活用する深層学
習機械翻訳が性能で圧倒的優位になった．

34　この状況の典型例は囲碁プログラムである．深層学習プログラム alphaGO とその後
継ソフトは人間の囲碁のプロより強く，なぜそのような動作をするのか人間のプロにも
理解できないという．

35　文献［10］にも同様の見解が述べられている．筆者自身は，この問題に関しては確
定的な意見は持っていない．もう少しの間，技術の発展の状況を見定めようではありま
せんか．

72　　第 3 章　AI 技術の簡略史

全体としてどの程度の産業的寄与があるのかを大雑把に見積もってみよう．AI が出陣するような知的作業においては，労力の 90 ％はデータ収集と AI に入力できるようにデータを精錬する作業に費やされる[36]．私の企業との共同研究の経験でも，製品試験データの収集には年の単位で時間がかかり，それを AI の入力に使えるようにする手間はデータ収集後の研究開発時間の約 6 割がかかった．データが精錬され実際に AI に入力できるようになると，データ収集後の開発時間全体の約 3 割程度で結果を得ることができた．実際は得た結果を分析して洗練方法を変更する作業も行っているが，大雑把にみて精錬と機械学習の開発時間の比は 2:1 といったところであった．正確を期するときりがなくなるので，上記の経験から 90 ％がデータ収集と精錬としておく．AI が処理できるデータがなければ結果はでないので，数値的な比較に意味はないが，10 ％の AI による機械学習の精度を 10 ％向上させたのが深層学習という重要度の配分になることに留意されたい．

この結果から，AI を利活用するためにはまずデータ収集と整備，精錬が必要だ．しかし，AI や機械学習が効果を発揮しそうな保険や人材対応（採用活動，人材評価）などでは収集したデータが 100 ％使えることは少なく，使えるデータの取捨選択ないしは再度の収集のような手戻りで苦労しているようである．つまり，AI による処理を念頭において，最初からデータ収集の計画を立てることが必須的に重要である．キャッチフレーズ的に言えば Data Collection by Design（データ収集・バイ・デザイン）であろうか．

さらにデータが精錬されていれば，深層学習の出陣を待つまでもなく，既存の分類木作成タイプの学習アルゴリズムやサポート・ベクター・マシン（SVM）のような手法で十分な性能が出せることも多い．これらの既存の手法は比較的単純であり，得られた結果に関してなぜそのような結果になったか理解でき，説明できることも強みであ

---

[36] 90 ％という数字の根拠は科学的なものではないが，国立情報学研究所の喜連川所長が情報爆発という文科省の大きな科学研究費プロジェクトを率いていたときに，データ収集の労力やコストが全体の 90 ％くらいだという発言をしていることによる．

る．一方，深層学習は依然としてその学習や処理内容が理解困難なブラックボックスである．

　AIの理論開発やルール開発を行うトップレベルの研究者，開発者はそう多くいるわけではないが，そのツールを応用して産業に結び付けようという仕事をしている人は多い．そういった方向で仕事をしている人は，1）AIの発展によって新規ビジネスの創出することにチャレンジする，2）人間とAIを含む情報環境の係わり方の調査研究とシステム化，に取り組み，仕事を新規に拡大していけば，前章で憂慮していたAIに仕事を奪われるような羽目にはしばらくの間は陥らないであろう．

参考文献

[1] Markoff, John, *Machines of Loving Grace: The Quest for Common Ground Between Humans and Robots* ,2015. 瀧口範子（訳）『人工知能は敵か味方か』，日経BP社，2016. pp.126-201.

[2] Automatic Language Processing Advisory Committee: *Language and Machines‐Computers in Translation and Linquistics*, 1966

[3] Winograd, Terry, and Flores, Fernando, *Understanding Computers and Cognition: A New Foundation for Design*, Ablex, Norwood, NJ, 1986. 平賀 譲（訳）『コンピュータと認知を理解する―人工知能の限界と新しい設計理念』産業図書，1989

[4] Douglas B. Lenat, R. V. Guha, *Building Large Knowledge-Based Systems: Representation and Inference in the Cyc Project*, Addison-Wesley Publishing, 1990

[5] 福田剛志，森本康彦，徳山豪『データマイニング』共立出版，19-51（2003）

[6] Bishop, M. Christopher : *Pattern Recognition and Machine Learning (Information Science and Statistics)*, Springer-Verlag NewYork, 2006. 元田 浩，栗田 多喜夫，樋口 知之，松本 裕治，村田 昇（監訳）『パターン認識と機械学習 上，下（ベイズ理論による統計的予測）』pp.1-349（上巻），pp.1-433（下巻），丸善出版，2012.

[7] Peter E. Brown, Stephen A. Della Pietra, Vincent J. Della Pietra, Robert L. Mercer :The Mathematics of Statistical Machine Translation: Parameter Estimation,Computational Linguistics, 19（2），263−

311（1993）.

[8] Rodoney, A. Brooks, *"Intelligence without representation"*, Artificial Intelligence, Vol.47, 139–159（1991）.

[9] ルチアーノ・フロリディ（春木良且，犬東敦史（訳）:『第四の革命 – 情報圏が現実をつくりかえる』新曜社，2017（原著 Luciano Floridi, The 4th Revolution–How The Infosphere is Reshaping Human Riality, Oxford University Press, 2014）.

[10] 岡野原大輔：AI 最前線「強化学習の創始者が投げかけた AI 研究の苦い教訓」,『日経 Robotics』, 2019 年 5 月号.

[11] 岡谷貴之『深層学習』講談社，2015 年.

A.1 付録　AI の仕組みの詳細説明

A.1.1　前向き推論の仕組みと問題点

　前向き推論では，ルールの適用は何段も連鎖して用いてもよい．また，同じ if の直後の条件に対して複数の then の結論がある場合が多い．つまり，

$$\text{if A then } B_1, \text{ if A then } B_2, \text{ ....., if A then } B_k \qquad \text{(A-1)}$$

というように if A に対して k 個の結論が存在する．さらに，B_1，....，B_k の各々を if の条件とする (A-2) から (A-3) のような if then 規則があると，推論を繰り返した場合図 A.1 のような推論の連鎖を行わなければならない．

$$\text{if } B_1 \text{ the } C_1, \text{ if } B_1 \text{ then } C_2, \text{ ...., if } B_1 \text{ then } Cj \qquad \text{(A-2)}$$
$$....$$
$$...., \text{ if } B_k \text{ then } D_n \qquad \text{(A-3)}$$

このような状況は次の二つの問題を引き起こす．

①段数が増えると結論の数が膨大になり，さらに後々の説明のために結論に至るルール適用の履歴も記憶しておこうとすると，膨大な計算機メモリが必要になり，メモリに入りきれなくなるかもしれない．そうなるとディスクに途中結果を書き出すが，これによって推論時間は実用的ではなくなる．

②結論が多数得られたとき，どの結論を採用すればよいか分からない．その対策として，各 if-then ルールに信頼度を表す数値を与えることにする．すると，結論は，適用したルールの信頼度の積になるので，結論に順位付けができる．

76　第 3 章　AI 技術の簡略史

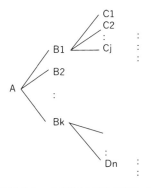

図 A.1　推論におけるルール連鎖の段数増加による結論個数の増加

しかし，信頼度の決め方はヒューリスティックなものになり，数学的なモデル化は難しい．

A.1.2　後ろ向き推論の仕組みと問題点

後ろ向き推論でも前向き推論と同じように結論 Z が成り立つ場合の if-then ルールが以下の式に示すように複数存在することがある．

$$\text{if } Y_1 \text{ then } Z, \text{ if } Y_2 \text{ then } Z, \cdots, \text{ if } Y_k \text{ then } Z \tag{A-4}$$

具体的には，以下のような例が考えられる．

$$\text{if 数学が得意 then　AI 研究が得意} \tag{A-5}$$
$$\text{if プログラムが得意　then　AI 研究が得意} \tag{A-6}$$

さらに，if-then ルールの前提が複数の条件の and からなる場合も多い．例えば，次のような例である．

$$\text{if（統計学が得意 and 論理学が得意）then　AI 研究が得意} \tag{A-7}$$

このような形の if-then ルールで与えられた結論 Z が成立するかど

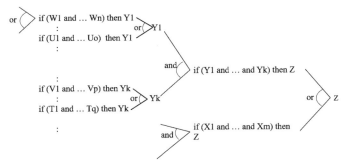

図 A.2　後ろ向き推論の経路

うかを後ろ向き推論する経路を図 A.2 に示す．

図 A.2 の後ろ向き推論は以下のように進む．

① Z から左向きに各 if-then ルールが成立するかどうかを調べる．ただし，Z の直左方のルールは or ，すなわちどれか 1 個のルールが成立すればよい．

② Z の直左方の if-then ルールの前提条件は and でつながっているので，すべてが成立するかどうかを調べる．例えば，一番上の if (Y1 and ⋯ and Yk) then Z ルールの場合，Y1，⋯，Yk のすべてが成立するかどうかを調べる．

③ この①の or と，②の and の条件で成立の可否を左方向にルールを辿る処理を継続する．なお，Y1,..,Yk, X1,⋯,Xm,⋯ などが直接，事実として知られていれば，それらは成立したとみなされる．

このため，結論が成立するかどうかを確認するためには，膨大な数のルールの連鎖を逆向きにたどって調べる必要がある．各分岐点での枝の数が全て k ，連鎖の回数が n というように単純化した場合，調べる条件の個数はおおよそ k^n となり実用的な複雑さを持つルール集合の場合は長大な計算時間がかかる．また，ある経路での推論が不成立になった場合に，辿ってきた経路を戻って別の経路を調べる必要があ

る．このため推論の途中経過を記憶しておくことが必要であり，膨大なメモリ量を必要とする

A.1.3 相関ルール

個人毎に購入したアイテム[1]が記載された表1のようなデータベースがあるとする．

アイテムの集合：Xを購入した個人のデータベース中での割合をsupport（X）と書く．上の例だと，support（{B}）=3/3=1，support（{A,B}）=2/3，support（{A,B,C}）=1/3　となる．あらかじめ与えられたsupportの最小値よりも大きなsupportの値を持つアイテム集合を頻出アイテム集合と呼ぶ．上の例では，supportの最小値=1/2とすると，頻出アイテム集合は{A},{B},{C},{A,B},{B,C}である．

Xを購入していればYも購入しているということを表す相関ルールをX⇒Yと表す．相関ルールの確信度はsupport（{X∪Y}）/support{X}と定義する．ここで，X={B},Y={A}とすると上のデータベースでは，相関ルールをX⇒Yの確信度はsupport（{A,B}）/support{B}=2/3となる．

我々が欲しいのは，映画Aを見た人が高い確率で見る映画Bである．よって，高い確信度を持つ相関ルールをデータベースから求めたい．この問題は

Step 1. 頻出アイテム集合をすべて求める．

表A.1　個人ごとの購入アイテム

個人 ID	購入アイテム
001	A，B，C
002	B，C，E，F
003	A，B，G

1　アイテムの具体例は，商品，鑑賞した映画などである．

Step 2. 頻出アイテム集合を使って，高い確信度を持つ相関ルールを求める．

という手順で解くが，Step 1 では，データベースにおけるアイテムの部分集合をすべて求める計算が必要である．データベースが大きいと，この計算は処理時間がかかるため，アルゴリズム上の工夫が必要である．アプリオリアルゴリズムが有名だが，詳細は3章の参考文献［5］を参照されたい．

A.1.4 深層学習の概要

深層学習の代表である CNN（Concurrent Neural Network）は図3のような多数の層からなる分類器として表現できる．

各層の各要素の値から次の層の出力する関数は図 A.3 の下部の左側に記した式で表される．ある層の2つの要素の値が x_1, x_2，各入力への重み付け係数を w_1, w_2 だとすると次の層のある要素の値 $u = w_1 x_1 + w_2 x_2$ となる．その要素から次の層への出力の値 $z = f(u)$ である．ここで関数 f は図の下部の右側に示すような右上がりの非線形な関数である．例えば，$\max(u, 0)$，シグモイド関数，ソフトマックス関数などが使われる．

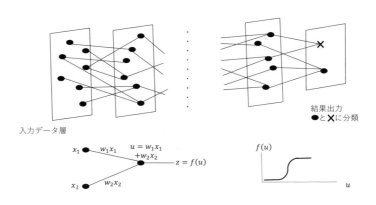

図 A.3 深層学習の構造

このような分類器を多数の教師データ，すなわち入力データと分類の正解のペア，から学習する方法としては，誤差逆伝搬と呼ばれる方法が使われる．誤差逆伝搬では学習された分類器の出力と正解の誤差を小さくするように前の層の要素に乗算する重み（図の例なら，w_1, w_2）を調整する．すると前の層にも誤差が伝搬され，その誤差からさらにその前の層の重みを調整する．この重み調整を入力層に達するまで繰り返す．誤差の定義としては各要素の誤差の2乗和などが使われる．

　問題は調整の仕方である．詳細は3章の文献［11］などの専門書に譲るが，大まかにいえば，各々の誤差の重みごとの微分を計算し，その微分の大きさに比例して大きな重み訂正を行うものである．このような計算を多数の要素を含む層ごとに行い，さらに深層なので層の数も大きく，誤差の大きさが小さな値に収束するまで繰り返すので膨大な計算時間が必要になる．

　時系列データを扱う RNN（Recursive Neural Network）は，図 A.4 のように各層の値が自分自身の層に自己回帰する．この自己回帰1回が1単位の時間推移を表すとみなしている．

　ただし，この1層単位での自己回帰では短い時間の間の相関関係しか捉えられない．自然言語処理などでは長い時間間隔の相関がある．たとえば，離れた場所の単語の係り受け，あるいは単語間に関係節などが挟まって起こる長距離依存関係である．そこで，RNN の自己回帰を長時間遅らせて回帰する仕組み，あるいはある時間の間は回帰せずに忘れているような構造を組み合わせた LSTM（Long Short-Term

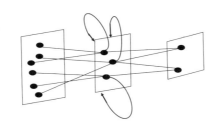

図 A.4　RNN の自己回帰

Memory）という方法が提案され長い時系列データの学習に威力を発揮している．これらの詳細は専門書例えば3章の文献［9］を参考にしていただきたい．

4 AI の不都合な現実

現在利用可能になっている AI は 1 章で述べたように AI 自体が人間の脅威になるものではない．また，2 章で述べたように人間の仕事を AI の知的能力によって奪うレベルまで達しているわけでもない．言い換えれば，非常に初歩的な AI であり，人間がコントロールできるツールという「**弱い AI**」である．にもかかわらず，弱い AI によってすら様々な不都合に遭遇するという現実がある．この章では，そのような**不都合な現実**について述べる．

4.1 フラッシュクラッシュ

　金融商品等の取引（株の売買など）を行うファイナンス系の企業[1]は，かつて高給取りの人間のトレーダーが日夜売買を行う仕事場であった．しかし，2000 年代に入りソフトウェアでトレードするシステムが人間のトレーダーにどんどん取って代わるようになった．一つの理由としては金融工学の進歩で，短期的なトレードの数理的モデル[2]が開発され，その数理的モデルによってトレードするシステムが実現できるようになったことがある．このモデルを使い，短い時間間隔で数理モデルに基づいて売買を繰り返すことで莫大な利益を得ることに成功した．一社で成功すれば，当然，同業他社も追随し，ソフトウェアの機能や速度を競う時代に突入した．このソフトウェアを「AIトレーダー」[3]と呼ぶ．AI トレーダーのアルゴリズムは企業秘密だが，目的は利益[4]の最大化である．

　AI トレーダーは時間当たりの利益を大きくするために売買の高速化を競う．よって，ミリ秒，マイクロ秒オーダで売買が進行する．世界中のファイナンス企業がこのような動きをするので，なにかの売りトリガーがかかると連鎖反応が瞬時に起こり，人間のトレーダーの認識と介入を寄せ付けない速さの売り買いから金融商品の価格の予想外の変動，言い換えれば価格の暴落が起きる可能性がある．実際に起こった暴落を Wired.jp の記事からピックアップしたのが下記である．

　ウォールストリート・暴走するアルゴリズム（Wired.jp 2016 年 9 月

1　例えば証券会社

2　ブラック−ショールズの方程式などが有名である．ただし，価格の変化率の分布が正規分布に従うという仮定を置いているため，やや現実からの乖離があると指摘され改善案が検討されている．

3　あるファイナンス企業では AI トレーダーに置き換えることによって人間のトレーダーを数百人から数人に減らしている．

4　いうまでもないことだが，売値―買値＝利益である．これは各社共通の評価関数である．

より）

- 2010年5月6日，ダウ・ジョーンズ工業株平均はのちに「フラッシュクラッシュ（瞬間暴落）」と呼ばれるようになる説明のつかない一連の下落を見た．一時は5分間で573ポイントも下げたのだ．
- ノースカロライナ州の公益事業体であるプログレス・エナジー社は，自社の株価が5カ月足らずで90%も下がるのをなすすべもなく見守るよりほかなかった．
- 9月下旬にはアップル社の株価が，数分後には回復したものの30秒で4%近く下落した．

　AIトレーダーのアルゴリズムは，1個のAIトレーダー単独では設計者の理論どおりに正しく動作し，容易にコントロールできるように設計されているはずである．しかし，ひとたび複数のAIトレーダーが金融商品の価格という情報交換の場で互いに作用し合うようになると，上記の例のような予測不能な振舞いを誘発する競合行動を引き起こすことが分かる．たしかに，AIトレーダーを介したアルゴリズムを用いた取引は個人投資家にとっては利益となった．以前よりもはるかに速く，安く，容易に売買できる．だがシステムの観点からすると，市場は迷走してコントロールを失う恐れがある．

　事態が深刻化した裏にはAIトレーダーの競合についての知見が不足していたこと，AIトレーダーのアルゴリズムは企業秘密であるため公開が進まなかったことがある．実際，クラッシュの原因がAIトレーダーの競合に起因することが判明するまでに相当な時間がかかったらしい．そして，見落とされていたのは，個々のアルゴリズムは理にかなったものであっても，集まると別の論理すなわち人工知能の集合体に固有の論理に従うように行動することであった．人工知能は人工の"人間の"知能ではない．それは，ニューロンやシナプスではなくシリコンの尺度で動き，人間とはまったく異質なものだ．その速度を遅くすることはできるかもしれない．だが決してそれを封じ込めたり，コントロールしたり，理解したりはできない．

4.1　フラッシュクラッシュ　　**85**

表 4.1 AI の責任，免責，厳格責任図 1.2 機械語と高級言語，仕様による比喩

損害を起こした AI	責任	免責	厳格責任
ツールとしての単独 AI	AI ツールを操作した人間	AI の仕様あるいは利用規定に明記	ツール開発者（製造物責任）
自律的に動作する AI の集合	AI トレーダーを運用している企業	許容損害値までは免責	(1) 設計開発者だが，開発者には AI 集合の動作は予測不可能. (2) 許容損害値超過の予測検知システムを整備しない場合は責任あり

この例の場合の AI の法的位置づけを表 4.1 に示す.

まず，一番左の列は対象とする AI の性質である．最も簡単なツールとして使う単独の AI（2 行目）と上記の AI トレーダーの集合のような場合（3 行目）を比較する．責任と免責は簡単な概念であるが，「厳格責任[5]」は馴染みがないかもしれないので説明しておく．子供の犯した罪を親にも問うというケースに相当する．つまり，実際に罪を犯した本人だけでなく，その本人の行動になんらかの責任を持つ人なり組織まで責任が及ぶということであり，親が厳格責任を負うことになる．ツールとして単独の AI を想定すると，厳格責任はツール設計者に及ぶことになり，いわゆる「製造物責任」と呼ばれるものになる．したがって，AI に製造物責任を問うかどうかは，利用契約あるいは法律の問題ということになる.

一方，AI トレーダーの例のように自律的に動作しているように見える AI の集合の場合，第一義的な責任は AI トレーダーを運用したファイナンス系企業にかかる．ただし，企業が無限責任を負うわけにはいかないので，あらかじめ許容損害額を設定しておき，その額までの損害は免責とする.

事情が複雑なのは，厳格責任である．ツールとしての単独 AI なら製造物責任として開発者に厳格責任を問える．というのは，開発者は

---

5 英米法の概念で，行為者に故意や過失という心理的要素のない場合にも犯罪の成立（ないし不法行為責任）を認めること.

ツールの性質を全て把握して設計しているはずだからである．ところが，AIトレーダーの集合としての動作予測が数理的に困難であることに加えて，他社のAIトレーダーの仕組みは企業秘密であるため知ることができない．よって，表 4.1 の AI 集合の厳格責任の欄（1）に書いたように原理的に AI トレーダー集合の動作は予測不可能といえる．AI システムの設計開発者に製造物責任を問えず，被害者は泣き寝入りでもよいのか？　という問題が起こる．

4.1.1 異常状態の予測検知システム

金融市場全体に対して厳格責任を問う方法も考えられるが，責任の分担割合を決めることは，これまた企業秘密の壁もあって非常に困難と予想される．そこで製造物責任の概念をフラッシュクラッシュ対応できるように拡大することを考えてみる．あらかじめ決められた許容損害値までは免責になるのだから，フラッシュクラッシュが許容損害値を超える前にそれを検知して取引を中断できればよい．取引がマイクロ秒オーダで進行しているため，人間が検知して介入するのでは大幅に手遅れになる．したがって技術的な解決策は表 4.1 の AI 集合の厳格責任の欄の（2）の許容損害値超過の予測検知システムを金融市場全体で整備することである．現実には許容損害値を超える以前に，このままでは超過するということを予測する検出システムとしなければならない[6]．機械学習の分野では異常検知技術として研究が進んでいる［1］［2］［3］．従来の技術はすでに起こった異常をできるだけ早く検知することを目標にしていたが，フラッシュクラッシュへの対策とするためにはすでに起こった異常ではなく，異常な状態が起ることを予測する検知システムが必要であり，もう一歩進んだ技術開発が望まれる．

ここで問題となるのは単独の AI トレーダーではなく，ネットワーク接続された多数の AI トレーダーの集合としての行動における異常検知という点である．AI トレーダーたちは株価や為替の価格という

6　あまり早期に検知機構が超過予測しても正当な売買が阻害されるのでよくない．

共有できる情報によって影響され，また市場に影響を及ぼす．このような状況なので，具体的に検出できる現象は株価や為替の価格，および各 AI トレーダーの売買の履歴である[7]．したがって，価格と履歴から将来の価格暴走を予測することになる．この予測はマイクロ秒オーダの処理を観測して，異常の発生予測を行うという高速で動作する知的能力が必要なので，AI 技術の粋を投入して構築する必要があるだろう．このシステムが十分な資金を投入し，開発時点で最高の AI 技術を使って設計されたトラストできるものであれば，それ以上の要求はできず，厳格責任を問われないことにできる．全体イメージを図 4.1 に示す．

ただし，問題はこれで終わりではない．市場の異常を検出して取引中止するタイミングの決定法である．早く取引中止をさせると，それによって市場参加者から予測していた儲けを失ったという文句がでるだろう．一方，取引停止が手遅れになるとクラッシュが始まってしまい，市場への参加者全体に対して大きな損失が発生する．つまり，取引停止のタイミングは予測儲けの損失とクラッシュによる損失の両者を勘案した最適化問題を解くことによって得られる．クラッシュが稀にしか起きない事件だとすると，教師データは不足し，最適化タイミングを計算する方法は困難を極めるだろう．それでも，なんらかの処置はしなければフラッシュクラッシュの被害を小さくできないのだ．

ところで，この異常予測検知システム自体がトラストできるものかどうかの判断は実はかなり難しい[8]．1 台であれば故障の可能性もあるだろう．少なくとも検知アルゴリズムの異なる複数台が並列に動き，動作継続性と，検知結果の妥当性[9]の双方を満たすようにしなければならないだろう．

---

7 各 AI トレーダーの内部状態は企業秘密なので，観測できない．

8 異常予測検知 AI がマルウェアやボットに侵されていないのか？ 異常予測検知 AI の動作の異常検知をするような AI が必要になるのではないか？ このような一連の問題の連鎖にはなんらかの現実的な解決策がありそうだが，それは今後の AI を巡る大きな課題だろう．

9 単純に考えれば複数台の多数決だろうが，現実の事態の種類によって得手不得手があるかもしれない点まで含めてトラストの度合いを向上するように設計しなければならない．

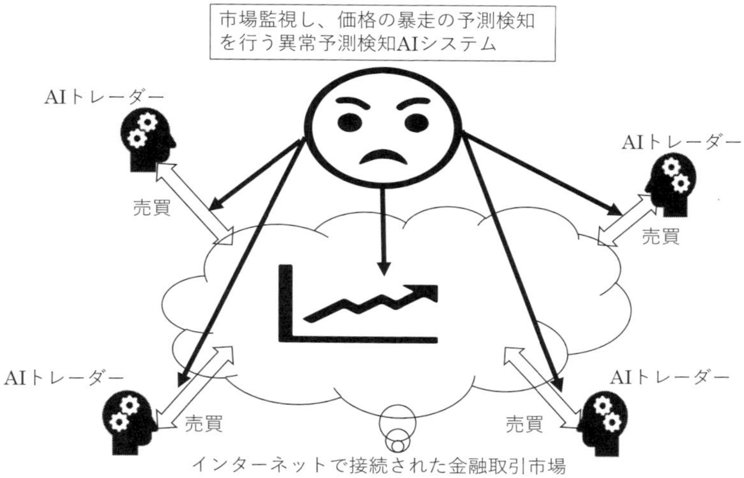

図 4.1　AI トレーダーが売買活動する金融取引市場の異常予測検知 AI システム

　この事例から得られるレッスンは,

<u>**AI が引き起こす問題は AI によって解決するべき**</u>

　ということである.　なぜなら,　AI が引き起こす問題は人間の知能を大きく超えた速度および複雑さで発生するから,　人間では対処できず,　AI の能力に期待するしかない.

4.2　プロファイリング

　個人データは IT 企業にとってはその収入を支える重要なデータである.　一方でプライバシー保護の対象であり,　利活用と保護のはざまで翻弄されている.　個人データの利活用の中でもとりわけ進展が進んでおり,　またその危険性も指摘されているプロファイリングについて本節で考察する.

　新聞の広告やテレビの CM は不特定多数に対して発信されるので,

4.2　プロファイリング　**89**

本当に広告された商品に興味のある人以外には全部無駄になってしまい，広告のコストパフォーマンスは悪い．したがって，広告する商品に興味のある人だけに広告を届けること，すなわち行動ターゲッティング広告ができればコストパフォーマンスは劇的に向上する．そこで，ある商品に興味のある人を識別する方法として個人の年齢，性別，居住地，趣味，趣向など種々の個人情報をまとめ上げるプロファイリングが重視されてきた．

　広告で重要になる個人の好みを推定する個人データとしては，購買履歴，仕事や旅行に伴う地理的な移動の履歴，Web 閲覧履歴，SNS による「いいね！」を押した投稿や友人関係などであり，これらはいずれも個人の Web 上での行動情報を収集すれば得ることができる．Twitter であればフォローしている人，Facebook なら友人関係，YouTube の閲覧履歴などを収集することで，こういった企業は個人データのプロファイリングを行っている．いろいろな情報源から収集した個人データを同一人物に関するものとしてまとめ上げることを名寄せという．以下で，「名寄せ」を念頭に置きつつプロファイリングについて考察してみる．

4.2.1　企業内名寄せ処理

　GAFA[10] のような IT プラットフォーマは各社の提供するサービスと引き換えにサービス利用者から種々の個人データを収集している．一社のプラットフォーマにおいては同一人物に関するすべての個人データはその人物に紐づけられているだろう．したがって，この紐づけられた個人データをまとめればプロファイリングできる．プロファイリングに用いる情報の種類は利用目的によって異なる．

　例えば，購入する可能性の高い書籍の推薦が目的なら，すでに購入した書籍のリストが有望だろう．推薦する書籍は，類似した購入書籍リストの人物の集合を探し，集合中の人物の多くが購入している書籍

10　Google Amazon Facebook Apple の頭文字をつなげたもので，巨大 IT プラットフォーマを指し示すときに使う．

のうち，ターゲティング広告の対象人物が未購入の書籍を推薦すれば
よい．もちろん，似ている人物の集合を形成するとき，購入書籍集合
の類似性のほかに性別，年齢，職業などの特徴量も含めて類似性を図
れば，類似性としての精度は上昇する．AI 技術としては，どのよう
な特徴量集合を使えば，推薦した書籍を実際購入してもらえるかを精
度よく推定する技術が使われる．このような処理は一社内で閉じて推
薦システムを動かしているなら全く問題はなく，正しい AI の利用法
である．

　Facebook 社は Facebook 利用者の「友だちリスト」を使って，そ
の利用者の所属コミュニティや思想傾向を推論するプロファイリング
を行っている．リベラルな思想の持ち主はリベラルな人々と友だちに
なりやすく，保守的な思想の持ち主は保守的な人々と友だちになりや
すいという傾向を使えば，その利用者の思想傾向を推定できる．この
ような類似の思想傾向を持つ人のリストは米国のように選挙において
個別訪問が合法である国では選挙時の貴重な情報資源となる．すなわ
ち，リベラルないし保守の思想的にブレない人々は人手をかけて戸別
訪問する価値がない．思想傾向が中間ないし不安定な人を絞り込んで
戸別訪問するほうが資源の有効利用である．Facebook は利用契約に
収集した情報を第三者提供することを明記しており，かつ戸別訪問も
適法だから，このような思想的傾向のプロファイリング結果の利用は
米国においては何の問題もない．

　Facebook のプロファイリングが問題視されたのは，Facebook から
見て第三者であるケンブリッジ・アナリティカ（Cambridge Analyti-
ca: 以下 CA と略記）に収集した個人情報を渡したことではなく，
CA が Facebook から受け取った個人データないしプロファイリング
をロシアに送り，そのデータが米国大統領選挙で特定候補に影響を与
えるような使い方をされたからである．つまり，他国による内政干渉
に加担したことを問題視されたのである．個人データを含む多くの
データがインターネット経由で国境を越えて行き来する現在におい
て，この事例はまずい結果を導いてしまった典型例として記憶される
ことになるだろう．この問題から AI 側が感じなければいけない教訓

4.2　プロファイリング　　**91**

は，AI 基礎理論・技術の研究者，あるいは AI 応用システムの開発者が意図しなかったかもしれないが，その使い方を誤ると国の政治や統治にすら大きな影響を与えてしまうことである[11]．

4.2.2　組織をわたる名寄せ

　次に複数の組織，企業に別種の個人データが収集されている場合を考えてみよう．異なる組織間で個人データからなるデータベースを集約し，そのうえで同一人物のデータを名寄せして統合してプロファイリングすれば個人データが質量ともに高まるので，高い有用性を持つプロファイリングの結果が得られる．しかし，組織間での個人データ流通は本人[12]の同意のもとに行わなければ，個人情報保護法において違法となる[13]．EU の GDPR[14]では，個人データの GDPR に規定された範囲内での利用をまず考えることとし，利用を可能とする最後の手段として同意を位置づけている[15]．EU では，個人データから氏名をランダムに生成した仮 ID に付け替える仮名化という程度の処理では個人データでなくなるわけではないとして，仮名化された個人データの本人合意なしの第三者提供を禁止している．

　日本でもこの点はほぼ同様であるが，新たに本人合意なしに第三者提供するタイプの情報として「匿名加工情報」という概念を導入した．匿名加工情報の作成方法の詳細は個人情報保護委員会が定めた個人情報の保護に関する法律についてのガイドライン（匿名加工情報

11　残念ながら，このような社会問題は，AI の基礎技術の研究者にとっては距離が遠く，対岸の出来事と考えられているのかもしれない．

12　ここで「本人」とは個人データの記述する人物を意味し，法律用語としてはデータ主体（data subject）と呼ぶ．

13　この違法性ゆえに，個人情報保護法を目の敵にしている AI 研究者を散見する．ただし，一般人の感覚からすれば，自分の個人データを誰がどのように使っているか知ることができないのは気持ちが悪い．AI 技術者にこの感覚が欠如しているとすれば，好ましいことではないだろう．

14　General Data Protection Regulation（一般データ保護規則）．日本と EU との間で相互に同レベルに個人情報保護法制が整備されているとして個人データの流通を認める十分性認定が 2019 年 1 月 23 日付に発効した．ただし，この認定は 2 年ごとに見直される．

15　同意は後に撤回（オプトアウト）される可能性があり，利用可能条件としては不安定であるとみなされている．

編)[16] を参照されたい．匿名加工情報はデータから個人を容易に識別できないようになっていなければならない[17]．さらに匿名加工情報自体，あるいは別のデータを併用して個人で識別する行為も禁止されている．当然，個人データとしての有用性は大幅に失われ，行動ターゲッティング広告にも使えない．おそらく，交通機関における乗降客数に時間推移くらいの統計データしか得られないだろう．

しかし，実際のところ匿名化した個人データはどの程度，個人識別されやすいのであろうか？　これについては Narayanan の有名な評価結果［4］がある．2006 年当時，世界最大のオンライン DVD レンタルサービス会社であった Netflix 社は利用者への映画の推薦サービスの改善を目的とする賞金 100 万ドルの競争型タスクを行った．このタスクで配布されたデータセットは 1999 年 12 月から 2005 年 12 月までの間に 480,189 人[18] の Netflix 利用者が行った 100,480,507 回の映画評価の 5 ランクに分類された採点結果である．もちろん，評価データからは個人名が削除されていた．ちなみに，利用者の評価した映画数は平均 29 本であった．

Narayanan らは利用者当たり 8 本の映画の評価点を用いて同じ映画を見ている人物が一意的に絞り込めるかどうか調べてみた．8 本の評価点は利用者の評価点の一部分であり，しかも平均 2 本は正しくない評価点であった．また，評価した時点の幅は 3 日間であり，精度はやや低い[19]．このような実験条件で，映画評価点を 2 本分使うと 70 %，4 本分使うと 90%，8 本使うとほぼ 100 ％の評価者を一意的に絞り込めた．注意しなければならないのは，8 本中 2 本は正しくない評価点であるにもかかわらず，高い確率で一意絞り込みが達成されてしまったことである．つまり，Netflix のような規模のデータになると，誤差があっても，あるいはデータベース公開においてわざと

16　https://www.ppc.go.jp/files/pdf/guidelines04.pdf　規則第 19 条（1）-（5）

17　簡単に識別できることを「容易照合性」があるという．

18　2005 年末に Netflix は約 400 万人の利用者を抱えていたので，一部の利用者の評価結果が公開されただけである．

19　つまり，正確な日付は分からない．

4.2　プロファイリング　　**93**

少々の誤差を混ぜても，一意絞り込みは行われてしまう可能性が高いということである．もっとも一意絞り込みできても個人に到達したわけではないからよいではないかという方もいるだろう．

ところが，氏名が含まれる別種の小さなデータベースが存在すれば個人識別は容易に起こる．映画評価の場合，評価者の個人名が付いた映画評価のデータベースとして IMDb [20] が知られている．文献［4］の実験によれば，個人が 2 本とか 4 本という少ない映画を評価しているだけで一意絞り込みができるので，IMDb において少数の映画の評価がされているだけで，Netflix で一意絞り込みされた個人の映画評価点と IMDb の映画評価点の突合をすれば，高い確率で個人識別ができるとされている．

つまり，個人データから匿名加工情報化のように複雑な処理を行っても，別のデータベースとの突合がされれば個人識別もできる可能性が高いことが分かる．法律では別のデータベースとの突合は禁止されているが，個人識別は技術的に困難というわけではない．また，悪徳業者が個人識別を行った場合でも，その行為を発見し，さらに証明することは極めて困難であろう．日本と EU の間は相互に十分性認定があるので，このような悪徳業者の行為は双方で取り締まれる．しかし，そうでない国に個人データが渡ってしまった場合は統制のしようがない．まして，個人データの収集を合法的に行える国の場合は，個人のプロファイリングを国レベルで行われてしまう可能性もある．

4.2.3　サービス差別化

個人の購買履歴が収集され，別の情報源からの情報と名寄せされて個人の住所や家族構成，学歴，SNS の友だちなどが分かったとしよう．このような情報から趣味，職業，収入が推定されると，購入可能な価格より少し高そうな価格の商品をサービス価格で売るという行動ターゲッティング広告を送ることができる．これはプロファイリングによるサービスの差別化である．また，同じプラットフォーマやグ

20　The Internet Movie Database. http://www.imdb.com/, 2007

ループ会社の商品を頻繁に購入する人にはポイント還元率を上げるような サービス差別化を行うこともあろう．同じ航空会社を頻繁に使うことによるプレミアムなクラスへの格上げのようなサービス差別化も同じような構造である．したがって，サービス向上につながっているケースでは問題ない．ただし，プロファイリングのための情報に個人の思想的傾向を用いるのは，思想や民族の差別化につながり，AI の危険な利用法ではないだろうか．

思想などと違って本人の意図と関係なく決まっているゲノムは，AI 技術を応用して種々の研究が行われている．ゲノムの係わる研究成果，たとえばある疾患にかかりやすい形質であるということを健康保険適用の可否や料率に反映させるのは本人の意思と何の関係もない不公平な扱いである．ゲノム情報による差別を禁止する法律を制定している国もある[21]．

4.2.4　ランキング

サービス差別化は結局，個人の格付けないしランキングにつながっていく．すると使い方によっては，本来平等に受けられるサービスが拒否されるような実害のある状態になりかねない．航空会社の顧客クラス分けやクレジットカード会社の利用限度額の設定は個人に対して背後でなされたランキングの結果が，自分の利用履歴に基づいているというランキングの透明性を信じるなら，納得もできる．

ところが個人に関する行動履歴，学業成績，身体的特徴（身長など），収入，思想的傾向などが全て収集されて，それに基づいてランキングされるのは常に監視されているようで気持ちが悪い．金融機関からの融資，パスポート発行などのかなり公的なサービスもランキングの上位者が授受しやすく，ランキング下位者や思想的に問題がありとされた人は不利益を被る可能性もある．種々の報道によれば中国のランキング[22]はそのような状態を呈しているようである．不均質な

21　2008 年に米国で成立した遺伝情報差別禁止法（Genetic Information Non-Discrimination Act：GINA）はゲノムによる保険，雇用などの差別を禁止している．https://en.wikipedia.org/wiki/Genetic_Information_Nondiscrimination_Act

社会で他人に対する信用性が低い社会では，このような全人格的なランキングは相手を信用するかどうかに役立つため，人々は歓迎こそすれ，反発はしないようである．しかし，ある程度の均質性とモラルが想定される社会では，監視されていることへの嫌悪感や恐怖感のほうが先に立つ．AI 技術を最大限に活用するランキングに対する社会受容性は上記のように国の状況や文化によって全く異なる．AI の受容性と文化的背景の間にある関係や相関を調査し，客観的に理解する研究が重要である時代にすでに入ってきている．

4.2.5 不正確なプロファイリング

プロファイリングの結果が推定されたデータである以上，100 ％の正確さはない[23]．例えば，名寄せを誤ると，図 4.2 に例示するように

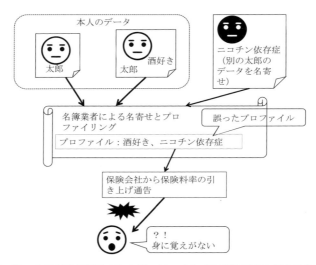

図 4.2 誤った名寄せで推論されたプロファイル「たばこ好き」による身に覚えのない保険料率引き上げ通告

---

22 アリババグループ関連会社が運営する芝麻信用がよく引用される．https://ja.wikipedia.org/wiki/ 芝麻信用
23 文献［5］によると米国の有名な名簿業者であるアクシオム社の個人データですら

自分についての誤ったプロファイルが使われてしまうことがありえる．自分の趣味とは違う商品のターゲッティング広告が送られてくる程度なら我慢もできるが，この図のように保険加入の条件悪化などは大きな実害が伴う．アクシオム社が 9.11 同時多発テロの実行犯のプロファイルを米国政府に提出したが，そのプロファイルが間違っており実行犯と全く関係のない人が友人とされていたりすると，その友人は当局に監視されるというとんでもない濡れ衣を着せられることもありえる．

つまり，誤ったプロファイリングから発生する事態は個人では防ぐことが難しい．その法的対策は以下で述べる．

4.2.6　プロファイリングに対する法制度

2018 年 5 月 23 日に発効した EU の GDPR では 22 条 1 項においてデータ主体個人の権利について以下のように定めている．

> データ主体は，当該データ主体に関する法的効果を発生させる，又は，当該データ主体に対して同様の重大な影響を及ぼすプロファイリングを含むもっぱら自動化された取り扱いに基づいた決定の対象とされない権利を有する [24]．

この条文で「もっぱら自動化された取扱い」とは人手を介さない処理を意味するので，AI を含むプログラムによってプロファイリングあるいはなんらかの判断が下される場合を意味する．さらに「法的効果」や「同様の重大な影響」とは先に述べた保険の料率変化，加入拒否，あるいは融資やパスポート発行なども相当するだろう．したがって，GDPR 22 条によれば，このような不利益を自動処理で被ってはならないとしているが実際にはどのような処理になるのだろうか？

---

30 ％程度の間違いがあるそうである．また，アクシオム社は，9.11 の同時テロで CIA や FBI よりも早く容疑者を割り出して連邦政府に協力したことでも有名．

24　個人情報保護委員会の HP に和訳が掲載：
https://www.ppc.go.jp/files/pdf/gdpr-provisions-ja.pdf

キーポイントは「もっぱら自動化された」の部分であり，判断に人間が介在すればこの条文に違反しないことになる．そこで，データ主体の個人から不服申立てがあった場合は，判断のために使ったデータを開示し，なぜそのような判断がされたかを組織の担当者が説明することになる．ただし，この説明がデータ主体本人に納得できるものであることまでは要求していない．データ主体の個人が理解できる説明を目指すAI技術はXAI（eXplainable AI）として研究されている．データ主体の個人が納得できるようなAIを含む全体的システムはAIのアカウンタビリティとして研究されているが，それらに関しては後の章で述べる．データ主体が説明に納得できない場合についての対応策や判例はいまだ知られていないが，非常に難しい問題になることは明らかであり，パンドラの箱を開けてしまったかもしれない．

　以上，解決の難しい問題であるため，現状においてはGDPR22条のような法律は技術的なプロファイリング規制手法を提示していないので，むしろ心理的な抑止効果が大きいと思われる．仮に企業がデータ主体から22条について訴えられれば，大きなコストが発生する．その場合に対応できるような措置を事前に講じておこうという企業心理が働けば，GDPR22条は初期の最少の役割を果たしたといえるのではないだろうか．

4.2.7　追跡拒否

　プロファイリングを拒否する権利すなわち追跡拒否権を立法化しようという考え方もあり，Do Not Track（DNT）として米国 Federal Trade Commission（FTC）によって2012年に「プライバシー・レポート」と呼ばれる最終報告書が提出された[6]．しかし，連邦法としての立法には至っていない．プロファイリングは Google, Amazon, Facebook などの IT プラットフォーマの収益を支える情報資源であるだけに，仮に追跡拒否権は法制度化されても，IT 事業者は守る気がないと予想される．また，プロファイリングが絶対嫌だという人が大勢を占めるかどうかは疑問の余地があるし，上記のプラットフォーマのサービスの恩恵に無料で浴していることも消費者は自覚してい

98　第 4 章　AI の不都合な現実

る．したがって，プロファイリングは許すにしても，それによる被害を受けないための方策を講ずることが重要である．そのために必要なのは法制度なのか，AI技術なのかについての議論は現在進行形である．

4.2.8 忘れられる権利

本節の最後に，プロファイリングとは少し離れるが，我々が日々の検索エンジンの利用で遭遇する個人データが表示される問題を取り上げる．自分の名前が検索エンジンに入力されれば，自分についての情報が表示される[25]．このとき自分に不利益な情報が表示される場合の問題について，実例を示しつつ以下に述べる．

2010年にスペイン国民のマリオ・コステハ・ゴンザレス氏が，自身の不動産に関する差し押さえ手続きが解決済みであるにもかかわらず，Google検索エンジンで検索されると，そのことが表示され，事実に反することが流布してしまうことによって損害を受けているとしてGoogleスペイン支社および本社を相手取って消去要求の訴訟を起こした．この裁判は最終的に欧州司法裁判所にて「忘れられる権利」に従ってGoogleが敗訴し，EU域内での消去を命じられた[26]．忘れられる権利はGDPR 17条：消去の権利（忘れられる権利）として明記されている．日本でも同様の訴訟が複数起こされた．検索エンジンのサジェスト機能に個人の過去の事柄が表示されることの可否を争っているが，検索エンジンの公共性と個人のプライバシー保護を比較衡量する判例がいくつか出されている［6］．

忘れられる権利は幸福追求権のように単独で成立する絶対的権利ではなく，知る権利との比較衡量に係わる相対的な権利である．例えば，選挙に立候補する政治家のような公人に汚職の履歴があるとすれば，それを調べられなくするような忘れられる権利の使い方は知る権

---

[25] 検索エンジンで自分の名前を入力して検索すると自分のことについて書かれたWebページの一覧が表示される．これは検索エンジンが自動的に行ったプロファイリングとみなすこともできる．

[26] この裁判に関しては，例えば文献［6］の第2章に法律的見地から詳しく書かれている．

利を上回ることができないということは常識的判断であろう．だが，実際に検索エンジンに対して，個人から忘れられる権利に基づいてその人に関する Web ページの消去要求が来た場合，可否判断は難しいケースが多いであろう．

　消去要求が膨大な数に上る場合[27] は，いちいち法務の専門家が判断するのは莫大なコストになり，会社の存続すら危ぶまれるかもしれない．そこで登場するのが AI である．最初は法務の専門家が人手で消去の可否判断をする．やがて消去要求と可否判断のペアが大量に集積してくると，消去要求をテキスト解析した結果，消去要求者の状況，関係法令もあわせて特徴量集合 x とし，特徴量集合を入力とし，可否判断結果 $\{yes, no\}$ を出力とする次式の可否判断関数 f を用いた可否判断ペアの集合が導ける．

$$\{f(x) = yes/no\}$$

　この可否判断ペアを教師データとして機械学習手法で可否判断関数 f を学習する AI システムが構築できる．ただし，可否判断が微妙な場合は法務の専門家が判断する必要があるので，結果出力は yes, no という2種類ではなく，各々の確からしさもあわせて得るようにする．確からしさがあらかじめ定めた閾値より低い場合には法務専門家に判断してもらい，その結果を再び教師データに追加して f を学習しなおす．このように AI 技術の一つである機械学習を応用することによって，消去の可否判断は省力化できる．裏を返せば，消去要求が大量にやってくる検索エンジン会社は，どんどん精密な f を学習できるので，忘れられる権利を捌く能力が他社より抜きん出ることになる．検索エンジンを AI だとすれば，これも AI の誘発した問題は AI で解決するという方法論の一実現形態である．

　最後に，忘れられる権利やプロファイリング結果に服さなくてよい

27　2013年のスペイン人の提訴で Google が敗訴して以来，同社には EU 域内で年間数十万件の消去要求が寄せられているという．

権利など GDPR にまつわる不都合な現実について述べておこう．GDPR が掲げる理想が立派なものであるにしても，現実の企業経営は今までが個人データ処理においていい加減だっただけに，GDPR に沿うように個人データ処理を行うことは容易ではなく，GDPR 対応で疲弊するという現実が存在する．GDPR をもっとも遵守しているのは，EU で事業を行う上で個人データ処理の改革を迫られ，その対応に努力せざるをえなかった Google であろう[28]．他企業は Google ほど GDPR 対応ができておらず，体力もないため GDPR にキャッチアップしきれない状態が続く．とりもなおさず，これは GDPR 対応の意味で Google の独り勝ちの様相を呈する．GDPR の隠れた目的に Google の力を削いで，EU 内企業の成長があったとすれば，なんとも皮肉な結果に陥っているのではないだろうか．

4.3 プライバシー保護

プロファイリングは枠を拡大すると個人データの保護と利活用の問題であり，プライバシー保護というテーマの一部である．この節ではプライバシー保護の観点からすでに提案されている技術的解決策，制度的解決策，残されている問題点について述べる．

4.3.1 技術的解決策

個人データは，

$$\{氏名，性別，年齢，住所，個人識別符号^{29}，履歴データ\} \quad (4.1)$$

---

[28] 前記の忘れられる権利の EU 内での実施に加え，2018 年末に GDPR 違反で高額の違反金を請求されている．

[29] 個人識別符号は個人情報保護法第二条 2 項に以下のように定義されている．
「個人識別符号」とは，次の各号のいずれかに該当する文字，番号，記号その他の符号のうち，政令で定めるものをいう．
一　特定の個人の身体の一部の特徴を電子計算機の用に供するために変換した文字，番号，記号その他の符号であって，当該特定の個人を識別することができるもの

という構成になっている．氏名から個人識別符号まではデータ主体の個人自身を識別するデータであり，属性情報と呼ばれることもある．履歴データとしては，購買履歴，地理的な移動履歴，医療履歴，職歴，学歴，など多岐にわたり量も多い．例えば，購買履歴データを用いればデータ主体の趣味趣向が推定できるので，行動ターゲティング広告を氏名から個人識別符号までのデータを用いてターゲットの個人に送りつけることができる．個人データをプライバシー保護しつつ有効利用することを何らかの技術処理を施すことによって実現できるだろうか？　この問いかけへの答えは後に述べるとして，個人データに施す処理を簡単なものから順に分析していってみよう．

4.3.2　仮名化

仮名化とは，(4.1) の氏名から個人識別符号までの個人の属性情報を削除し，代わりに仮名（pseudonym）あるいは仮 ID と呼ばれる乱数で置き換える処理である．EU の GDPR では仮名化しても依然として個人情報であるとしている．一つの理由としては，履歴データは量が大きく，個人識別性が高いからということが考えられる．たしかに，1 年分のコンビニでの購買履歴があれば，個人識別能力は高いと予想される．Suica のような精密な時刻を伴う駅での乗降履歴であれば，Suica 騒動[30] でも分かったように，個人識別性は高い．

以上では式 (4.1) の履歴データをまとまったまま扱うことを想定していたが，履歴データを分割していったらどうなるだろうか？　例えば，コンビニの購買履歴も 1 回の購買ごとに別の仮 ID を付与して，各購買の間の関係を切断すると個人識別性は大きく低下する．ただし，データとしての有用性も同時に低下してしまう．

　　二　個人に提供される役務の利用若しくは個人に販売される商品の購入に関し割り当てられ，又は個人に発行されるカードその他の書類に記載され，若しくは電磁的方式により記録された文字，番号，記号その他の符号であって，その利用者若しくは購入者又は発行を受ける者ごとに異なるものとなるように割り当てられ，又は記載され，若しくは記録されることにより，特定の利用者若しくは購入者又は発行を受ける者を識別することができるもの

[30]　JR 東日本が Suica の個人の乗降履歴を個人の属性情報を消しただけで他社に販売ないし利活用させようとして炎上した事案．

4.3.3 匿名化

まず考えなければならないのは匿名化がされているかどうかの判断を個人データの提供者すなわち提供元で行うのか，個人データを受け取った者すなわち提供先で行うのかという問題である．前者を「提供元基準」，後者を「提供先基準」と呼ぶ．

提供元基準では，提供者は元の個人データのデータベース以外で提供者自身が保有している情報資源を総動員しても，匿名化されたデータからは個人識別ができないように匿名化処理を行う．提供元は当然，自分の所有している情報資源は完全に把握できるので，提供元基準は実施可能である．一方，提供先基準では，提供先が保有しているないし将来保有するであろう情報資源を用いて受け取った匿名化されたデータから個人識別ができないことを要請する．提供元では提供先の情報資源の状態を正確に把握することは困難なので，提供先基準は原理的に実施困難である．よって，多くの個人情報保護制度では提供元基準を採用している．

次に考えることは匿名化処理の具体的方法である．匿名化の処理は(1) 個人の属性情報を対象にする場合と，(2) 履歴データを対象にする場合に大別される．

(1) では，氏名を消し，住所や年齢[31]を粗い近似表現する．例えば，年齢は10歳きざみで，20代，30代など．住所は市町村名までで番地を消す，あるいは郵便番号7桁を上3桁のみとするなど．このような近似表現によって，個人データベース中に属性情報が同じ住所，年齢の人がk人以上存在するようにする処理方法がk-匿名化と呼ばれる．

(2) では，履歴データが長大であると，近似表現を試みてもデータベース中でk人が同じ履歴になるようなk-匿名化はほぼ不可能である．たとえば，Suicaの乗降履歴では，2人が同じ乗降履歴になるように粗い近似をすると，「山手線内での乗降」のように有益性が極端に下がったデータになってしまうことが知られている．

---

31 もちろん，履歴情報以外の部分の属性情報はすべてk-匿名化処理の対象になりうる．

上記は主に $k-$ 匿名化を想定したが，それ以外にもデータに雑音を加算する方法，個人データベースへの質問への答えに雑音加算する方法（差分プライバシー）[7]［8］，データ主体が自身の個人データを収集される際に雑音を加算してから提供する方法（局所差分プライバシー）など様々な方法が提案されている．

ちなみに，改定個人情報保護法で導入された匿名加工情報は，個人データを変換することによってデータ主体の同意なしに第三者提供が可能になるタイプの情報である．履歴データ部分の変換方法は施行規則[32]第 19 条 1〜5 号によるが，5 号に「当該個人情報データベース等の性質を勘案し，その結果を踏まえて適切な措置を講ずること.」と記述されている．つまり，業態や分野ごとに決めることになっており，技術的に明確化されていない．受け取った第三者は他の情報との突合や個人識別，さらに別の第三者に提供することも法律で禁止されているため，用途は極めて限定的である．また，暗号化は匿名化とはみなされておらず，あくまで安全管理措置であり，暗号化しても個人データであることは変わらず，同意なしに第三者提供することは犯罪捜査など特別な場合を除いてできない．

GDPR では，匿名加工情報のような匿名化の一般的方法はないとしており，第三者提供は GDPR で許容された条件に従った利用法，あるいはデータ主体の同意を得て行う．

4.3.4　副作用：濡れ衣

匿名化は大きな経済的利益の見込める個人データを AI 技術で利活用するために考えられてきたプライバシー保護技術のはずであったが，上で述べたように，効果的な方法にはほど遠い．さらに悪いことに濡れ衣誘発という副作用がある．$k-$ 匿名化において，誘発する濡れ衣現象を分かりやすく説明するために表 4.2 のデータベースについて考えてみる[33]．

32　https://www.ppc.go.jp/files/pdf/180712_personal_commissionrules.pdf
33　$k-$ 匿名化以外の匿名化手法でも個人識別は結局，データ主体個人のデータが他人と

表 4.2　所在場所のデータベース例

名前	年齢	性別	住所	N 月 M 日 P 時の滞在場所
一郎	35	男	文京区本郷 XX	K 消費者金融店舗
次郎	30	男	文京区湯島 YY	T 大学
三男	33	男	文京区弥生 ZZ	T 大学
四郎	39	男	文京区千駄木 WW	Y 病院

　最左列は名前であり，2，3，4 列は，属性データである．5 列目が
履歴データの一部であり，N 月 M 日 P 時の滞在場所である．一郎が
就職活動中であったり婚活中であったりすると，消費者金融店舗に出
入りしていることが相手先に知られると都合が良くないことは容易に
理解できる [34]．そこで，一郎の個人データである滞在場所を隠すため
に，1）名前を A，B，C，D と仮 ID で置き換え，2）属性データを粗
いものに変更して表 4.3 のように改変する．

表 4.3　4- 匿名化したデータベース

仮 ID	年齢	性別	住所	N 月 M 日 P 時の滞在場所
A	30 代	男	文京区	K 消費者金融店舗
B	30 代	男	文京区	T 大学
C	30 代	男	文京区	T 大学
D	30 代	男	文京区	Y 病院

　こうすると属性データは 4 人とも同じになるので，k- 匿名化が実
現でき，一郎の滞在場所は保護される．当然，消費者金融に行った人
を特定できない．だが，属性データでは区別できない 4 人の中に消費
者金融店舗に居た人は 1 名いることは分かる．ということは，k- 匿
名化されたデータを見た人は，この 4 人は全員が確率 =1/4 で消費者

───────────

見分けにくくする技術なので，他人がデータ主体本人に間違われるリスク，すなわち濡
れ衣現象は発生しうる．

[34]　もっとも，一郎が消費者金融に出入りしているなら，それを隠して就職活動や婚活を
行うことはいかがなものかという意見もあるだろう．しかし，所在場所は個人情報なの
で，プライバシー保護の対象にはなるだろう．

金融店舗に行ったことを疑うだろう．これは，$k-$匿名化しなければ起こらなかった事象である．もし，消費者金融に行っていない3人のうちの誰かが就職活動や婚活をしていて，消費者金融への出入りを疑われたら全く迷惑な話である．とはいえ，会社での採用は人事上の重大事であるから，会社とすれば素性や性格，行動の怪しい人は採用したくないし，婚活においてはもっと切実であろう．かりに濡れ衣の疑いを晴らせたとしても，そのために労力や，嫌な時間を過ごさなければならず3人にとっては迷惑であるし，会社や婚活の相手が濡れ衣の原因を明確にせずに不採用，破談と言ってきたらこの3人に打つ手はない．

4.3.5　制度的解決策：同意

仮名化，匿名化，匿名加工情報もプライバシー保護とデータ有用性が両立しないので，個人データを有効活用したければ，データ主体の個人から同意をとる方法が有力である．GDPR では個人データを同意のもとに収集することを6条（a）項[35] に明記している[36]．しばしばみられる同意の局面は，ある IT サービスやソフトウェアの利用に関する同意である．おおよそ，「あなたの個人データ，本ソフトウェア／サービスの利用履歴を収集します．これに同意していただけない場合は本ソフトウェア／サービスはお使いいただけません」という利用契約文書にクリックして同意するものが多い．これは付合契約というものであって，利用者側にほとんど yes/no 以外に選択肢がない．付合契約が法的に有効な同意かどうかは疑問の残るところである．本来は，個人データの正確な利用目的，収集方法，収集期間および保存期間，第三者提供の有無および提供条件などを協議し，合意[37] に至

35　6条（a）項「データ主体が，一つ又は複数の特定の目的のために自己の個人データの取扱いに同意を与えた場合.」

36　同意以外の方法で個人データを収集し利用する場合は6条（b）〜（f）項に列挙している．特に（f）項「管理者又は第三者によって追求される正当な利益のために取扱いが必要な場合.」は柔軟性があり重要だが，裏を返せば「正当な利益」の定義に行き着くため，使い易いかどうかは現時点では定かではない．

37　「同意」とはサービス提供側が出した条件に利用者が同意するかどうかという一方向

るべきものである．しかし，これはサービス提供側と利用者の双方に
とって非常に手間暇がかかる．

　法的に有効な同意を得るためのインタフェースや，双方向的で対話
的な合意システムが望まれるとすれば，それらは人間が介在するシス
テムでは手間がかかりすぎて現実的ではない．それらを人間の代わり
に行ってくれるシステムとして AI の利用が期待される．個人を代理
する AI すなわち個人の AI エージェントと，サービス提供側を代理
する AI すなわちサービス提供組織の AI エージェントが各々の出す
条件に沿って合意点を自動的に発見できれば合意成立，発見できなけ
れば合意不成立とする．

　両者の出す条件がピンポイントで確定していれば交渉の余地はなく
単なるマッチングの可否になる．しかし，例えば，「個人データ保持
期間は最大 1 ヶ月」という範囲を条件としている場合もあるだろう．
このような条件からピンポイントではない合意範囲を見つけることは
AI 技術でよく知られた最適化アルゴリズムで実現できる．もちろ
ん，この AI エージェント同士の交渉に個人が介入する必要はない．
個人側で準備するのは個人データの利用条件をあらかじめ設定してお
くことである．そのために雛型を個人 AI エージェントが準備し，
データ主体から了解を得ておくということも考えられる．当然，サー
ビス提供側との合意の結果さらに利用ログはデータ主体が見ることが
でき，条件の変更やオプトアウトもできるようにする．この様子を図
4.3 に示す．

4.3.6　オプトアウトと AI エージェント

　以上はサービス加入時に同意に限定していたが，同意は 1 回取れば
おしまいではなく，状況変化において随時変更できなくてはならな
い．典型的なのは同意撤回のオプトアウト手続きである．オプトアウ
トは一見単純に見えるが，渡した個人データがすでに別の第三者に移

　性かつ非対称なのものであるのに対して，「合意」とはここで書いたように双方が条件
　を出し合って折り合える点を見つけるという双方向性かつ非対称性の少ないものである
　ことに留意してほしい．

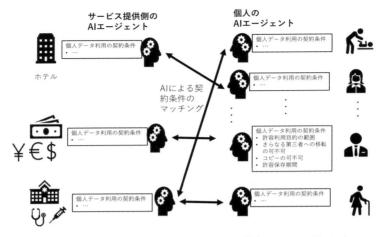

図 4.3 サービス提供側の AI エージェントと個人の AI エージェント

転し,転々流通していると追跡は実質的に不可能である.また,オプトアウト以前に渡した個人データの消去を要求するか,あるいはオプトアウト以前のデータで AI が学習した統計的結果の変更まで要求するかという問題もある.悩ましいのは k- 匿名化が適用されている場合で,ある個人の個人データをオプトアウトして消すと,その人が属していた k 人のグループが k-1 人のグループになってしまい,k- 匿名化が崩れる.すると,計算に時間がかかる k- 匿名化処理のやり直しになり,このような処理をしばしば繰り返すのは非現実的である.

このような状況から見て,同意の契約は複雑であり,一般人に理解できるようなものではない[38] ので,個人の代理をする AI エージェントによる自動処理が必要になってくる.逆にいえば,個人の AI エージェントが普及すると,現在は非現実的と考えられている同意の取り直しも機械的にできるようになり,個人データ利用の柔軟性が高まることが期待できさえする.まさに AI の正しい使い方である.

---

[38] このような同意の不安定性から,GDPR では同意は個人データ利用を許可する最後の手段とみているようである.

4.3.7　同意の非対称性

　同意で常に問題になるのは両当事者の力関係の非対称性である．しばしば言及されるのは，就職の場合だと採用側が合否判断の権利を持つため，力関係は圧倒的に採用側が有利である．このような力関係の非対称性がある場合，同意の法的効力や正統性，公平性には疑問がつきまとう．雇用者と被雇用者の関係も似ている．ようするに，相手に対して自分が判断可否を決める立場にある側が圧倒的に優位である．これは，既出のサービス利用契約における付合契約でも見られた．さらに労使関係では，明確な同意のない場合も多数見られるので，それも改善すべき事項だろう．

　別のタイプの非対称性として高齢者，年少者，非健常者などの情報弱者が，サービス内容が理解できないまま同意を迫られるという力関係の非対称性もある．とくにプライバシー保護は，自分の個人データがどのように使われるかについて理解できない場合，プライバシー保護が崩れる危険性が高い．年少者の場合は親が，非健常者の場合は親族の健常者が，高齢者の場合は子供などの親族が介入ないし代理することもできる．しかし，意志の疎通が難しい場合も多いだろう．さらに，独居老人や認知症の人の場合，金融資産を狙われた場合，防ぐのは困難である[39]．このような非対称の悪環境において，被害を食い止めることに貢献できる AI エージェントの開発は，AI の有効かつ有益な利用方法として期待したい．ただし，このような AI エージェントを購入し使用開始するのは，本人が健常者のうちに内容に納得して行うべきであろう．年少者の親，健常者親族，高齢者の子供などが AI エージェントを代理で運用することもありえるだろうが，本人との間での正確な意思疎通という新たな問題も出てくる．そして，ここでもまた AI の出番である．つまり，情報弱者の AI エージェント利用を彼らの味方になって支援する人のための知的インタフェースにおける AI の活用である．この分野での AI 技術開発は高齢化社会においては有望かつ喫緊の課題である．

39　認知症患者の金融資産の管理は現在でも大きな社会問題になっている．

4.3.8 気を許すと危ないケース：家族

そもそも自分のプライバシーに関する情報はどういう状態だと危険なのだろうか？ 購買サイト，SNS，ソフトウェアダウンロードなどの Web サービスを利用する場合は，利用規約に収集された個人データの使い方について記載されている．また，サービス利用履歴などの個人データがサービス事業者側に収集されていることは利用者側も理解しているわけだから，それなりに用心深い行動をとれる．SNS の利用規約に「第三者提供する可能性あり」と書かれていれば，それに応じたデータしか与えないように振る舞うこともできる．したがって，Web サービスに関するプライバシー問題の多くは利用者の想定内ではなかろうか.

むしろ問題となるのは，個人データが収集されている意識が希薄あるいは意識していない場合である．プライバシーが流出しやすいのは家族経由とよく言われる．ママ友のおしゃべりで「うちの主人はXXX[40]」という会話は定番ではないだろうか．この例はあまりに古典的なプライバシー流出だが，AI が絡んで似たようなことが起きる可能性も多い．いくつかのケースを考えてみよう.

4.3.9 気を許すと危ないケース：コンパニオン・ロボット

対話ができる AI は古くから研究されてきた．古くは，MIT のワイゼンバウムが 1966 年に開発した ELIZA[41] が有名である．人間の発言に対して，ELIZA はほとんどオウム返し＋アルファの応答しかできないが，個々の文はいかにも人間っぽいと言われていた．例えば，「好きなアーティストは？」という利用者の質問には「あなた自身の好きなアーティストは？」とか「その質問は重要ですか？」などと返すそうである．このように ELIZA が利用者の発言に対して意味のある応答をしなくても，人間っぽい応答に引きずられて長々と対話を続けたと言われている．つまり ELIZA に一種の感情移入が起きていた

---

40 XXX が実はプライバシーや個人データに関する内容である.

41 https://ja.wikipedia.org/wiki/ELIZA

のだろう．人間らしい外観が有名な阪大の石黒浩教授の開発したアンドロイドにはけっこう感情移入する人が多いらしい[42]．つまり，人間は外観や会話文の人間っぽさによって容易に親近感を抱くようである．犬や猫というコンパニオン・アニマルに感情移入して家族のように扱う姿は毎日のように報道されているが，Sony の AIBO のようなロボットのコンパニオン・アニマルでも親近感を抱くようである．

　親近感だけなら特に問題視することもないのだが，相手がロボットだと人間のような予想外の悪事を働く恐れがないと思い込み，用心をしなくなってしまう恐れがある．a）相手が AI という機械であると気を許して個人情報を話してしまいがちだという感覚と，b）AIBO やアンドロイドなどのように見た目の違和感がない，という二種類の心理状態が相乗すると，本来なら口にしないようなプライバシー[43]に関することを話してしまう可能性が高まる．つまり，その気になれば，AI ロボットは個人のプライバシー情報を収集しやすい機械になる．

　コンパニオン・アニマルのロボットがインターネットに接続されていることは十分にあり得ることで，ロボットメーカは利用者のプライバシーに係る個人データを収集できる．ただし，それらを利用者に無断で第三者に提供したり悪用したりすることは，彼らの企業としての信用失墜への考慮あるいは企業倫理によっても起こさない可能性が高い．AI コンパニオン・アニマルではないが，最近流行りだした AI スピーカも利用者の個人データは収集していると思われる．だが，AI コンパニオン・アニマルも AI スピーカもインターネットに接続している限りはスパイウェアやマルウェアという悪意のあるソフトに感染する可能性が付きまとう．また，BOT は通常は潜伏しているだけで感染に気づかないことが多いが，BOT の元締めからの指令で突如，計算機の内部情報を元締めに送るため，非常に厄介である．AI スピーカを使い慣れた利用者や AI コンパニオン・アニマルになつかれてい

---

42 石黒先生との私信より．
43 資産状況，へそくり，他人の悪口など．

4.3　プライバシー保護　**111**

る高齢者の主人が，自分の金融資産管理などについての情報を漏らしてしまい，盗まれてしまう可能性は十分にある．

　感染した利用者端末の AI は AI スピーカや AI コンパニオン・アニマルの開発・運用企業を経由せずに元締めに個人データを直接送るため，プライバシー漏洩を防ぐのは AI スピーカや AI コンパニオン・アニマルにおいて行わざるをえない．そのために必要な技術は，ここでも異常検知技術である．利用者端末の AI に搭載可能な異常検知のための AI システムの開発価格の低減，能力向上が至上命題になってくる．

4.3.10　気を許すと危ないケース：IoT

　AI スピーカや AI コンパニオン・アニマルは一種の IoT だが，IoTはこれらにとどまらない．エアコンなどの家電製品の遠隔操作情報から留守であることが推測されてしまう．また，個人が携帯しているスマホの位置情報は EU では個人識別情報として保護される情報が，スマホのアプリ運営会社のサーバに継続的に収集されている．アプリにバックドアがしかけられたり，スマホのネットワークアクセスがマルウェアで盗聴されていれば，プライバシーが漏洩している．

　位置情報について日本では気にしない人が多いかもしれないが，定期的にモスクに行けばイスラム教徒だと分かるため，宗教という要配慮情報が推定される．あるいは特定の診療科がある病院への通院は，日本でも知られたくない情報であろう．

4.3.11　グループ・プライバシー

　個人のプライバシー情報は IoT から漏洩する場合は気づきにくい，ないしは軽視される傾向があるが，同じようなタイプのプライバシー漏洩の原因にグループ・プライバシーというタイプがある．IoT の場合にも共通するのは家庭に設置された家電製品の利用履歴データであり，家族全員の留守の時間帯が漏洩するとすれば，それは家族というグループのプライバシー漏洩になる．言い換えれば，家族全員のある時刻における居場所についてのプライバシー情報である [44].

112　第 4 章　AI の不都合な現実

劇場，スポーツ競技場，レストラン，ホテルなどの不特定の人が集まる場所に居合わせたこともグループの形成はその場限りとはいえ，グループ・プライバシーということになる．仮に A 社の社員が競合する B 社の社員と同じグループにいたということであると，個別にはプライバシーの程度は低いものの，一緒にいたということは極めて高い程度のプライバシー情報になってしまうだろう．あるいは特定の宗教の施設，同じバスルートを通学通勤経路で使っている人々からなるグループも作れるが，帰依している宗教や通勤通学先などのグループ・プライバシー情報になってしまう．ある施設に通う人たちが，そのことによってプロファイリングされてグループとして認識されたとしよう．グループのうちの一人が危険なカルト信者と判明したとしよう．すると，グループに属する別の人も危険なカルト信者であることが，このグループ化によって推定される．

自分がグループに属しているかどうかが本人に全く分からない場合もある．例えばゲノムの特定の部分パターン[45]の場合，同じパターン（SNP）を持つ人のグループは同じような身体的性質を持つので，ひとつのグループを構成する．研究目的でこのグループのメンバーリストが作られている，あるいは SNP の検索によってメンバーリストを得ることができる状態だったとしよう．仮にこのグループを特徴づけるパターンがある疾患に罹りやすいということが発見されると，個人がこのグループに属しているという事実は極めて高い匿名性を要求される．だが，匿名化処理の前にグループの存在やメンバーリストが流出していると手の打ちようがない．しかも，データ主体本人がこのグループに属していることを知らない状態は十分にありうる．

4.3.12　プライバシーの個人性

以上いくつかの例でお分かりのとおり，個人のプライバシーを守る

44　もっとも，このケースでは家庭のある住所に不在という情報なので，部分的な情報でしかない．

45　重要なのは一塩基多型（Single Nucleotide Polymorphism: SNP）と呼ばれる部分で，個人の持つ体質や疾患の発症確率に関係していると言われる．

という単一の目標を掲げて達成することは，情報環境的[46]にみても匿名化技術的[47]にみても困難である．GDPRや個人情報保護法の改正といった法制度の整備も進んでいるが，その実効性の担保にはAI技術を援用したなんらかの情報システム[48]が必要であろう．だが，そもそも守るべきプライバシーの定義自体が実は非常に難しい．氏名，住所のような個人識別子，思想信条，犯罪歴などの要配慮情報は最大公約数的にコンセンサスが得られたものであるが，それ以外にも個人として守りたいプライバシーは多岐に上る．例えば，X氏がY氏とレストランAで食事をしたことは，趣味仲間の打ち合せならプライバシーとは言えないかもしれないが，彼らが産業スパイ行為の非依頼者，依頼者という関係にあったとすれば極めて重要なプライバシーである．しかし，スパイの非依頼者，依頼者の関係に陥る前なら重要なプライバシーではないかもしれない．つまり，同じ事象のプライバシーの度合いは個人によって，また時刻によって変わってくる．

　この例ではX氏やY氏の所持しているスマホで所在位置情報が特定される可能性も高い．そうなるとAIの出番である．仮にX氏の勤務先Z社がすでに，X氏とY氏がスパイの非依頼者，依頼者である関係を疑っていれば，両者が同じレストランに同じ時刻にいたかどうかを両者の移動履歴データから突き合せるだけなので，技術的には至極簡単である．ところがZ社は社内のなんらかの機密情報が漏洩したらしいという情報だけを掴んでおり，X氏が多数の容疑者の一人であっても，スパイ行為の確証がない状態で，X氏の素行調査をしようとすると話は厄介である．X氏がプロなら機密情報へのアクセス履歴を改ざんすることもあるだろう．できることは容疑者全員の長期の行動履歴，全接触人物についての情報収集を行い，それらの情報からプロファイリングによって最も怪しい容疑者を絞り込むという，AIの

---

46 IoTやグループ・プライバシー

47 *k*-匿名化や雑音加算（差分プライバシー）

48 GDPR22条のプロファイリング結果に服さない権利の執行にはプロファイリングのプロセスに関する説明責任を果たせる技術，たとえばAIの結果説明システム（eXplainable AI: XAI）の利活用が期待される．

うちでも比較的早くから使われたビッグデータ処理を利用することになる．

この処理を自動化できるかという問題を考えてみよう．接触人物に関しては部分的な情報しか入手できないであろうから，種々に常識的知識を用いて入手した情報から推定手段を用いて情報を拡張する．ここで，従来の AI 技術では最も不得意な常識的知識の利活用となる．この問題は，深層学習を用いたからといって容易に解決するものではない．容疑者全員の行動パターンを異常検知技術で分析し[49]，もっとも怪しい容疑者に絞り込むこともしなければならないが，間違った絞り込みは真の容疑者を取り逃がすだけでなく，まじめな社員に濡れ衣を着せるというリスクも生んでしまう．このように考えてくると，プライバシーの保護も暴露もビッグデータ，スマホなどの IoT からの情報収集，深層学習などの最新の AI 技術をもってしても，一筋縄では解決できない難問である．

逆に言えば，こういったことができる AI は，それこそシンギュラリティで考えられている AGI にかなり近づいているといえよう．もしも，この能力をもった AI が実現すれば，人間に好意や悪意を持った行動をできる AI の一歩手前まで来ていることになる．

4.3.13 プライバシー暴露能力を人工知能の能力として持つべきか

もし，プライバシー保護を認めない国家があったとすれば，法令に触れずに個人データは収集され放題である．ある個人が問題視されれば社会的不利益を被るないしは当局の監視下に置かれてしまうという国家が現実に存在する．つまり，AGI のような人間に近い知的能力を持たない弱い AI でも，法制度や社会常識が阻止しなければプライバシーは保護されない．そのような国の人々がプライバシー保護のない状態を甘受しているのは，そのような強権的な政府がなければ，む

---

49 同じ人物と定期的に同じ場所で会う，あるいは同じ時刻にスマホで定期的に通話するなど．

しろ社会において差別的ないし欺瞞的な状態が横行し，より酷い状態になることを経験により熟知しているからであろう．

振り返ると，プライバシー保護とは生存権のような絶対的権利ではなく，国民の知る権利と対立し比較衡量の対象になる権利である．と同時に，社会の状態によっては保護されないことがむしろ望まれるようなものであることを認識しておかなければならない．プライバシー保護，あるいはアンチ・プライバシー保護の技術，たとえばプロファイリングに係わる技術，とりわけ AI 技術の研究者，開発者はこの根底を十分に理解しておくことが大切である．

4.4 インターネット中世の暗黒時代

DARPA[50] により始まったインターネットは 90 年代の WWW（World Wide Web：略して Web）の普及もあり，今後は世界中の人々が自由に意見交換できる場がネット上に設けられ，民主主義は推進されていくだろうと思われていた．ちなみに現在ではインターネットとは Web を意味することも多い．当初のインターネットの利用者はネットワークや計算機に詳しく社会常識も備えた専門家が主体だった．ところが，インターネットの一般大衆への普及はこのようなインターネットの理想を打ち砕いた．つまり，いじめ，詐欺サイト，ヘイトスピーチ，社会問題における極論の発信や横行など，リアルな社会と同様に俗悪で危険な世界になってしまっている．やり取りの速度がリアルな社会より桁違いに高速なだけに，悪意のある意見の拡散は非常に早く，いわゆる炎上を頻繁に引き起こす．また，インターネット越しの詐欺行為も巧妙化している．さらに炎上を恐れて偏った常識が支配するという意味ではリアル社会における中世の暗黒時代に近い状態になっているのではないかと危惧される．このような惨状において，AI 技術に関係のありそうな二つのトピックスを以下で説明する．

---

50 Defense Advanced Research Projects Agency（アメリカ国防高等研究計画局）

116 第 4 章 AI の不都合な現実

4.4.1　フィルターバブル

　個人のプロファイリングの副作用として引き合いに出されるのが
フィルターバブル（filter bubble）[51]である．フィルターバブルは文献
［5］によってその概念が明らかになり，問題点が指摘されている．
プライバシー保護に抵触するタイプの現象ではないが，社会的にみれ
ば大きな問題である．

　プロファイリングの項目で述べたように，個人のプロファイルが分
かると，そのプロファイルに適合する商品やサービスの広告をその人
にメールで配信したり，ブラウザ上に表示することは，一般的に行わ
れている．これは質問者にとっては便利な機能かもしれない．

　ところが，質問者が保守的であるとプロファイルされた場合，政治
や社会のニュースで保守的な論調の記事が上位に表示される．逆にリ
ベラルであるとプロファイルされれば，リベラルな記事ばかりが上位
に表示される．つまり，質問者の思想や趣向に合致する Web ページ
ばかりが上位に表示され，合致しない Web ページは下位になってほ
とんど見つからないようになる．

　SNS の場合だと，保守的であるとプロファイルされていれば，保
守的な人ばかり友達に推薦され，リベラルであるとプロファイルされ
ていればリベラルな人ばかり推薦される．ここでも，プロファイルさ
れている個人と離れた思想の人は表示されない傾向が高い．

　このようにプロファイリングによって，Web 上で表示される情報
が本人のプロファイルに一致するものばかりになってしまう現象を
フィルターバブルと呼ぶ．つまり，個人のプロファイルというフィル
ターを通過した情報だけが提供される，泡（バブル）の中にいるよう
な状況であることを表した用語である．

　フィルターバブルの弊害としてまず挙げられるのは，人々の思想的
な偏りを助長し視野が狭くなるという問題である．多様な情報から隔
離されるため，新規なアイデアが生まれにくくなるという生産性の悪
い状況を生み出すことも懸念される．これは，Web が当初描いてい

51　Echo chamber と呼ばれることもある．

た「多くの人々に膨大で多様な情報を提供する」という趣旨とは反対の状況になる．フィルターバブルの是非については文献［5］を参考にされたい．

フィルターバブルは AI 技術と関係が深い．まず，その発生に AI が加担している．IT 企業は個人プロファイリングで類似の考え方の人々を集合化する．この集合を「クラスタ」と呼ぶ．そこで使われているのは，類似の性質を持つ人をまとめあげる「クラスタリング」という AI 技術であり，機械学習の分野では「教師なし学習」と呼ばれる一連のアルゴリズムに属する．次に商品，友達をある人に推薦する際，その人と同じクラスタに属する人たちの多くが購入した商品，あるいは同じクラスタ内の人物を推薦する．この推薦を機械的に行う推薦アルゴリズムも AI 技術の有力な分野である．このような推薦のメカニズムによって「類は友を呼ぶ」的な流れで同じ趣味，思想傾向の人が固まってしまうフィルターバブルが出来上がる．

自分が属するフィルターバブルの外側の商品や人々は自分の価値観と一致しないモノ，人なのでどんどん縁遠くなり，人々は自分の属するフィルターバブルの内側の居心地がよい世界に閉じこもる．同時にフィルターバブルの外側の世界には無関心ないし敵視をし始める．フィルターバブルはインターネットにだけ出現するものではなく，同族意識，ムラ社会などリアルな社会でも古代から見られたものである．ただし，インターネットにおけるフィルターバブルは，リアルに面識がない人でも容易に同じクラスタに入れる情報環境を提供しているため，その拡がりはインターネット以前とは比較にならないほど大きく，社会的影響力も極めて大きい．フィルターバブルは人間が本能的[52]に持つ同族意識や仲間意識に支えられているだけに AI といえども技術的に有力な解消手段が提供できない[53]．

---

52 "本能的" というのはきつい言い方かもしれないが，この傾向が非常に強いことは認めないわけにはいかないだろう．

53 フィルターバブルを誘発する個人のプロファイルの情報源となるのは（1）同意によって収集されたデータ，（2）IT 事業者の推定したデータのうち，後者が主役である点である．現在のところ，データ主体個人に関する推定データに対しては開示要求，ましてや訂正要求に対応する IT 事業者の存在は筆者の知る限りでは存在しない．

4.4.2 フェイクニュース

フェイクニュースとは読んで字の如く虚偽な内容を含むニュースである．2017 年の「オバマ大統領が爆破事件で負傷した」というフェイクニュースは株式市場で 1300 億ドルの損失を招いたと伝えられている [54]．さらに Brexit やアメリカ大統領選にも影響があったとされ，政治的，経済的にも極めて大きな影響を与えているために警鐘が鳴らされているが，その勢いは一向に衰えをみせない．

IT 技術や AI の国際会議での発表も数多くあり，現象分析，フェイクニュースを見破る手法などの研究が盛んである．見破る手法としては正確な知識や事実情報を利用する方法，フェイクニュース固有の文書スタイルを利用する方法，ニュースのインターネット上での伝搬経路を調べる方法，ニュース発信者の信頼性に基づく方法などが提案されている．これらの情報からフェイクニュースを検知する機械学習のアルゴリズムとしては，フェイクニュースと正しいニュースからなる教師データを用いる教師あり学習において深層学習を利用する方法，大量のニュースをクラスタ化する教師なし学習などが提案されている．しかし，フェイクニュースを，その内容を見て規制するのは表現の自由を侵す検閲になるし，独裁的な為政者が悪用する可能性がある．したがって，それは良い方法ではないという意見もある [9]．

現時点ではフェイクニュースを見破る効果的な方法として納得できるものは存在しない．以下のように悲観的論調がある [9]．フェイクニュースが SNS で拡散する速度は真実のニュースが拡散する速度と変わらない．そのうえ，フェイクニュースだとその記事にフェイクだと表示しても伝搬を押さえることができず，かえって拡散を助長するような始末である [55]．では，経済的に締め付ける方法として，フェイクニュース拡散の主要メディアとなっている SNS に課金してフェイクニュースが蔓延しないようにしようとする方法はどうであろうか？　SNS の利用者全体に課金すると，お金持ちでない一般人は

---

54 https://www.fake-news-tutorial.com/

55 世の中の人々は嘘と知りつつもゴシップを楽しむのであろうか．

SNSから離れて，フェイクニュースが混ざっていても無料なサイトに流れていってしまうだろう．フェイクニュースを見破って表示させないような仕掛けは体力のあるSNSの大企業に限定されるかもしれず，結局SNS課金で生き残れるのは巨大IT企業が運営するSNSだけで，重要なロングテール情報を発信している小規模業者は駆逐されてしまいそうである．このような考察に加えて，ただでさえ大手SNSの市場支配力は高いので，フェイクニュースが害悪であるとするなら，彼らにこそフェイクニュース対策に取り組んでほしいところである．ただし，前に述べたように，発信されたコンテンツを内容によって遮断するのは検閲であり，表現の自由，知る権利を侵すのではないかというジレンマも抱えている．

フェイクニュースの読み手である一般の利用者のリテラシー向上は有用な対策だが，果たして彼らがリテラシー向上の意欲を持ってくれるだろうか？　また，高齢者や年少者のような情報弱者にリテラシーを期待することはそもそも無理ではないか．さらに，本物そっくりの映像を合成できるいわゆるディープフェイクが一般化すると，映像情報は現場の真実を伝えていると思い込んでいる大衆は簡単に騙される．こうしたことは極めて憂慮する状態であるし，技術で救いきれるものでもない．皮肉な言い方になってしまうかもしれないが，ひょっとすると一般人のアクセスや購読が減少し続けている既存の新聞やテレビなどのマスメディアが，真実のニュースを売りにして生き残るかもしれない．もっとも，米国においては新聞やテレビ局自体がトランプ派と反トランプ派に深く分裂してしまっている現状では，もうなにがフェイクでなにが真実なのか分からないのかもしれない．フィルターバブルとフェイクニュースの問題を目の当たりにして，これはもうインターネットにおける中世の暗黒時代のはじまりかもしれないという悲観論に襲われる．

4.5 軍事利用

　軍事は従来，物理空間を担う陸海空の 3 領域だったが，最近はこれに情報の取得ないし伝達を担う宇宙[56]とサイバーを加えた 5 領域になってきている．従来は軍事利用目的で開発された技術が民生用にも適用される流れが多かったが，最近は AI を含む技術発展の速度が早いため，民生用技術が軍事にも転用されることが増えてきている．これはとりもなおさず，技術における軍事と民生の境界がなくなっていることを意味する．現実にインターネットにおけるサイバーセキュリティ分野において多大な成果が積み重ねられ，その結果が軍事技術に転用されるケースも多い．サイバーは攻撃にも使えるが，その例としてイランの核燃料施設を破壊したとされている「スタックスネット」が有名である．AI 兵器に関しては，その機密性ゆえに詳細な技術情報は表に出てこない．よって，ここではまず話題となることが多いドローンを例にして，その利用における問題点，倫理的課題について説明する［10］[57]．

　物理空間における AI を使った兵器は防御型，攻撃型，偵察型などに分類される．防御型兵器としてはイスラエルで実戦利用されているロケット弾迎撃システム：アイアンドームや米国のイージスが有名である．そこでは高度な IT 技術が使われ，そのなかに AI 技術も含まれると考えられる．偵察目的のドローンが配備されている可能性は高いが，直接に殺傷能力を持たないので，これを禁止するような議論はあまり聞かない．一方，ドローンは攻撃型の兵器としても使われ，すでにイラクやアフガンで実戦利用されているという話もある．陸海空

56　宇宙とは衛星の利活用を意味している．

57　致死性自動兵器（LAWS）に興味のある方は文献［10］の 5 章 4 節だけでも読むとよいだろう．文献［10］はドローンに的を絞って AI 兵器の問題を分析した名著である．しかし，自律型 AI ドローン兵器の分析も記述も貧弱な点がやや物足りない．ドローン上に搭載される AI プログラムの学習機能などについての知見は 5 章 4 節：政治的自動機械の製造　に書かれているが，やや古いレベルの低い理解しかできていないので，現状に AI 技術についてこの書籍で述べられた思想を適用してみることは有益であろう．

の戦闘において AI はむしろ敵味方の戦況認識と状況に応じた作戦ないし戦略の選択支援，攻撃目標の識別，などの支援手段としての性格が強い．

4.5.1 AI の倫理との関係

攻撃型 AI 兵器は殺傷能力を持つだけに AI の倫理では常に議論の対象になってきた[58]．従前の戦争の倫理では，兵士が敵兵を殺傷してよいのは自身も敵と同程度の死の危険に向き合うからだと考えられていた [10]．ところが，米国ではベトナム戦争で死傷者が増大して政治問題化し，さらには社会問題化した．このため，自軍の兵士の損失をできるだけ減らすことが政治的な重要課題となり，兵士が戦闘現場に行かずに遠隔操縦で敵の戦闘員を攻撃できる兵器である攻撃用ドローンが開発され実戦で使われたと言われている．

たしかに自軍の兵士の損失は減ったであろうが，以下の倫理的問題も顕在化した．

(1) 遠隔操縦であるがゆえに，敵兵殺傷を許す戦争の倫理[59]は明らかに成立しない．

(2) 遠隔操縦であるため，敵の戦闘員と民間人の区別が付きにくい．また，ネットワーク経由で情報収集と指令というデータ更新を行うため，遠隔操縦者と現場のドローンの間にかなり大きな時間遅れが生じてしまう．それでは，正確に敵の戦闘員を攻撃できない．したがって，AI が搭載された自律型攻撃ドローンでは敵の戦闘員かどうかの判断と攻撃を現場にいるドローンに搭載されている AI 自身がしなければならない．

(3) 遠隔操縦ないしは自律型のドローンは，民間人を装うテロリスト相手ではテロリスト識別が困難である．攻撃してくるまでは

---

58 IEEE Ethically Aligned Design version 2 [11] では 1 章を割いてこの AI 兵器の問題を扱っている．

59 戦場において敵兵を殺傷してよいのは，敵兵も自分を殺傷してよいという対等な条件があるからである．

戦闘員かどうか見た目で判断できない．さらにひとたび戦闘に
なると自爆攻撃すらありうる．この状況に対応するために，戦
場近辺にいる多数の個人に対して常時，顔認識などの個人認識
技術を用いて個人ごとの行動履歴を収集し続ける．こうして得
た行動履歴パターンの集合からなるビッグなプライベートデー
タに対して，AI 技術の一つであるデータマイニング技術を用
いて敵の戦闘員ないしは戦闘員と疑われる人物を推定する．敵
と推定された人物は常に監視され，怪しい動きをした場合に
は，その人物から攻撃される前に先制攻撃することになる．

　問題は，遠隔操縦ないしは自律型 AI による攻撃型ドローンは認識
精度が 100 ％でなければ民間人を殺傷してしまう可能性が相当程度
あることである．この可能性を是認することで，軍関係者は敵国の非
戦闘員よりも自国の戦闘員の生存を優先する倫理基準を採用せざるを
えなくなってきている．このような人命に優劣をつける倫理は，倫理
的に問題であるのみならず戦時国際法からみても問題がある．

4.5.2　自律型 AI 兵器

　仮に遠隔操縦ドローンであっても敵戦闘員の認識と狙撃を操縦者自
身の判断で行っているなら，誤攻撃の責任は操縦者にある．ところ
が，AI 技術を利用した自律型攻撃用ドローンの場合は，4.5.1 の（2）
（3）で述べたように攻撃対象としてよい敵戦闘員の認識を AI が自動
的に行い攻撃することが想定される．ここで問題になるのは，誤って
非戦闘員を攻撃したときの責任の所在である．自律型ドローンなので
直接の操縦者はいない．よって，責任を問われる可能性があるのは以
下のような人ないし組織である．

（1）AI パッケージの開発者．たとえば，プログラム言語や機械学
　　習パッケージの開発者
（2）上記（1）のパッケージを組み合わせて，ドローンに搭載する
　　AI システムを開発した人あるいは組織

4.5　軍事利用　　**123**

(3) このような AI 兵器の仕様を決めて発注した国防省のような軍
事組織

(4) このような AI 兵器の実戦投入を決めた軍首脳部，ないし実施
部隊

(5) このような軍事組織を構成し運用している政府

(6) このような政府を選んだ国民

上記のうち，(6) の国民は多数が民間人であり直接的な責任は問え
ないが，通常の戦争と同様に敗戦国になった場合は，国家賠償などを
通じて間接的に責任を負う．(1) は AI パッケージの汎用性から責任
は問えない[60]．(2) の AI 兵器開発者は，AI が敵の戦闘員の認識性能
が不十分であっても兵器に組み込んで使うという判断をした点で責任
を問われる可能性がある．ただし，(3) の発注側が AI の認識能力の
不十分さを知ったうえで仕様を決めて発注していたとなれば，発注側
も責任を問われうる．(4)(5) は当然に責任を問われる．したがっ
て，責任を (2) 開発者，(3) 発注者に転嫁せずに，(4)(5) は自ら
の責任として相手国との交渉にあたるべきであろう．

常識的にはこのような責任の所在の在り方が考えられるが，戦争あ
るいは軍事においては機密事項が多く，責任が曖昧になりがちであ
る．この責任曖昧さを避ける技術的ないし制度的仕組みが重要である
ことが文献［11］などに主張されている．

4.5.3　グループをなす自律 AI 兵器

最後に，単体ではなくグループとして行動する自律 AI ドローンに
ついて考えておこう．

自律した AI たちが相互に交信しつつ行動する場合は，戦場の局面
の多様性もあってグループとしての行動の予測が困難である[61]．司令

60　深層学習の基本パッケージソフトが AI 兵器システムで使われたからと言って，基本
パッケージソフト製作者が責任を負うのはおかしい．これは兵器に鉄が使われたからと
いって，製鉄メーカが責任を負うのはおかしいということと同じ考え方である．なぜな
ら，本文にも書いたように，両者とも兵器以外の種々の目的に使える汎用なソフト，素
材であるからである．

塔のドローンがいればまだよいが，司令塔が撃墜され指揮系統が崩れたらどうなるか？　グループをなす AI が多様かつ予測困難な環境で相互に交信しつつグループとして行動したとしよう．例えば，あるドローンが民間家屋を敵アジトに誤認識してそれに従って全ドローンが揃って民間家屋を四方八方から攻撃するかもしれない．この例は，単体ドローンに比べてグループのドローンがはるかに大きな破壊力を持つことも示唆している．

　このような状況で，文献［11］ではグループをなす自律 AI 兵器の禁止を推奨しており，世界的にも禁止の方向で議論が進む．ただし，ドローンのような安価な機材にインターネット経由で入手容易な AI システムを組み合わせる武器を国際的な統制が効かないテロリストが導入したらどうなるか？　このような可能性も含めて対策を考える必要がある．具体的には，特定通常兵器使用禁止制限条約（CCW）を通じて，兵器を使う段階は国際的に制約するが，兵器製造規制は各国任せになるという国際政治状況である．

4.5.4　戦争の倫理
戦争を正当化するには次の二種類の均衡の論理がある．

- 第一の均衡の論理：戦争という悪を実行しなければならないほど現実の状態は悪である．
- 第二の均衡の論理：やむをえず戦争という悪を行うにしても，不必要に強力な手段を用いてはならない．

　Future Life Institute が制作した致死性自動兵器（Lethal Automatic Weapon System:LAWS）の恐怖を実感できるビデオにはグループ AI ドローンの攻撃シーン[62] が含まれている．このビデオのような攻撃が実現するとなると，グループをなす自律かつ攻撃型の AI ドローン

61　複数の自律的 AI の集合がどのような行動を行うかを予測する数理モデルの開発は非常に困難な課題であり，環境が多様で予測しにくいものである場合は実用的な研究成果があがっていない．

4.5　軍事利用　　**125**

は，その強力さゆえに第二の均衡の論理に反するといえるだろう．

ドローンに代表される遠隔操作型の AI 兵器は，空軍の戦闘機パイロットと違って操縦士は米国本土内の安全な制御室から敵を攻撃，殺傷できる．これはたしかに実際の戦闘での戦死者を減らすには貢献しているが，現実的には次のような問題もある．戦場での兵士は非日常の世界にいるので，帰還したときの日常世界とのギャップで PTSD などに苦しむが，ドローン操縦士は朝出勤すると戦場における攻撃者となり，勤務が終わって帰宅すると日常生活に戻るという，一種の二重人格を要求されるため，肉体的には安全でも精神的には非常につらい．こういったストレスの検討も必要だろう．

ちなみに，ドローン兵器は値段が安いうえに，人間の戦闘員に危険が及ばないため，戦争を躊躇なく始めてしまえるという危険な側面がある．こういう状況を制御するにはよほどきちんとした政治力が必要である．これはヴァイツゼッカー流の「血を流す政治としての戦争」と「血を流さない戦争としての政治」の境目が混沌としてくるという根源的な課題に向き合わなければならないことを意味する．この点に関して文献［10］では，道徳的倫理性を備えた AI 司令官などという言説が展開されている．しかし，これはシャマユーが人間を上回る知能をもつ超知能の存在を前提にしているので，慎重に読んでほしい．

4.5.5 AI 倫理指針との関係

最近，国内外で AI の倫理指針が公開されている．AI 兵器に関しては国内の AI 倫理指針などでの言及はほとんど見ないが，海外の指針ではしばしば言及されている．ここでは代表的なものを紹介しよう．

（1）FLI: アシロマ原則

Future Life Institute:FLI はジャン・タリンが指導し，イーロン・マスクもコミットするなど AI に関しては有力なご意見番で

---

62 https://futureoflife.org/2017/11/14/ai-researchers-create-video-call-autonomous-weapons-ban-un/

ある. 2017 年に AI に対してアシロマの原則[63]を提案した. 原則は 23 項目からなり, 第 18 項目に以下の記述（和訳）がある.

「18）人工知能軍拡競争：自律型致死兵器の軍拡競争は避けるべきである[64]」.

（2）　IEEE Ethically Aligned Design version 2

　　IEEE では 2016 年から AI および AS（自律システム）の設計における倫理的配慮のための国際指針を作成し Ethically Aligned Design（倫理的に整合した設計. 以下では EAD と略記する.）というタイトルで 2016 年に version1, 2018 年に version 2, 2019 年に EAD first edition[65]を公開している. version 2 では全 14 章のうちの一つとして, Reframing Autonomous Weapons System（自律兵器システムの見直し）というタイトルの章を設けている. そこでは以下のような記述がされている.

（3）　自律兵器システムの見直し

- 倫理規定には往々にして重要な抜け穴が存在し, 人道問題になり得る兵器を開発し兵士に与えるようなことが起きかねない.
- 自律兵器（AWS, Autonomous Weapon Systems）の概念定義は現在のところ混乱している.
- 自律兵器は, 秘密裏に帰属不明な状態で運用されがちである.
- 自律兵器の仕様を作成した責任は曖昧化されがちである.
- 自律兵器開発の合法化は以下のように中期的に地政学的危険性を招く先例となる.
  ①自律兵器同士で発砲し合い意図しない紛争が誘発する.
  ②自律兵器に頼って構築した戦略バランスは, ソフトの進化で一夜にして崩れたりする恐れがある.
- 人が監督しなければ, 余りにも簡単に, はずみで人権侵害が起き, 緊張が高まる.

63　https://futureoflife.org/ai-principles-japanese/

64　英語の原文は次のとおり：18) \<b\>AI Arms Race:\</b\> An arms race in lethal autonomous weapons should be avoided.

65　これが version1, version2 に続く最終版となるはずである.

4.5　軍事利用　　**127**

- 自律兵器の直接的，間接的顧客は多様性に富んでおり，兵器拡散や誤用の問題を複雑にする．
- 自律兵器は紛争を急速に拡大する．すなわち，人より反応が速いため，自律兵器同士で対峙すると人よりも急速に紛争が拡大する可能性が高い．
- 自律兵器の設計保証を検証する標準が欠如している．また，自律兵器と，準自律兵器の倫理上の境界の理解は混乱しがちである．

　IEEE の EAD の記述を考察するにあたって，以下のような状況も踏まえておくべきだろう．すなわち，AI は技術として公開されている部分が多いため，どこの国でも容易に技術キャッチアップできる．核兵器とちがって，全ては情報ないしデータで表現できるので，インターネットによる拡散を防げない．つまり，テロリストでも独裁国家でも，容易に人工知能技術を入手し軍事利用できる状態である．IEEE の EAD では，テロリストや独裁国家に AI 兵器が渡ってしまった場合に悪用されないような設計をせよと技術者に求めているが，道徳的ではあっても現実的実効性には疑問符がつく．さらに非現実的なのは，AI に倫理性を埋めこめばよいという意見である．なぜなら，戦争に使うロボットの場合，自軍のロボットが倫理的に動いても，敵軍のロボットが倫理を無視する場合には，必敗となる．

　歴史的にみると，AI 研究予算の多くは DARPA[66] からつぎ込まれてきた[67]．冷戦のころはロシア語の文書を大量かつ容易に解読しようとして，機械翻訳に大きな予算が投入されたし，最近の音声認識 Siri も開発予算の大きな部分は DARPA から来ているといわれる．DARPA の予算だから成果は軍事技術に転用されている可能性がある

---

[66]　アメリカ国防高等研究計画局（Defense Advanced Research Projects Agency）
[67]　この態度は，全ての予算に現実的応用や実用性を求めてくる日本の予算配分方針と比べておおらかともいえるが，ヒットした時は極めて先進的な成果になる．実用性や具体的成果ばかり追い求めると，研究のテーマはどうしても小ぶりになり，大ヒットは生まれにくい．

128　第 4 章　AI の不都合な現実

が，どのような割合で軍用技術になっているかはまったく不明である．ただし，米国の懐が深いところは，DARPA が予算を出すのは必ずしも直接の軍事技術ではない点である．上記の機械翻訳も，最近ニュースになった量子コンピュータにしても学問的には基礎技術といえるだろう．

IEEE の EAD では反対論のない指針も提示している．すなわち，

- 核，バイオと同様に AI も無差別大量破壊兵器となる技術は禁止すること．
- 軍の研究予算をもらうにしても，研究成果の完全公開は必須とすること．
- 自動火器のトリガタイミング自動化，および防御兵器と攻撃兵器の境目に関して十分に議論し提案していくこと．
- 自律兵器のふるまいは予測できない可能性があり，学習機能はこの問題を悪化させるであろう．よって行動予測不能な自律兵器は禁止すべきである．
- 自律兵器の行動履歴は確実にログできること．
- 群れをなす自律兵器，例えばドローンの編隊，はさらに危険度が高く，行動予測が困難なので禁止すべき．

4.5.6 デュアルユース

AI 技術の軍事転用を考えるにあたっての本丸はデュアルユースである．同じ技術が民生用にも軍事用にも使えることをここでは「デュアルユース」と呼ぶことにする．昔は戦争に勝つために工学的な技術を開発した．国の死活がかかっているから，予算をケチったりしない．よって，潤沢な資金と国の最高レベルの頭脳を持つ人材が投入され，工学的に最高レベルの技術が開発された．しかし，これをいつまでも軍事技術として機密にしておくことはもったいない．機密性が薄れてくると，民生用に転用するという流れになってきた．

4.5.7 軍事用から民生用への流れ

軍事技術が民生に転用された例として機械翻訳を考えてみる．冷戦の時期，米国は敵国ソ連（現ロシア）の情報を素早く大量に把握するためにロシア語→英語の機械翻訳の研究開発を行った．機械翻訳は諜報活動のための重要なツールであり軍事技術であると考えられたため，技術開発に DARPA の予算が大量に投入された．すでに述べたように機械翻訳は実現性が低いという 1964 年の ALPAC レポートにより予算は削減された．その後，機械翻訳の相手言語は日本語[68]，アラビア語，中国語と変遷した．その時期において最も警戒すべき競争相手の国ないし資源絡みで重要な地域の言語と考えられる．

3 章で述べたように，当初は言語学に基づく構造を抽出し，それを相手言語へ変換するという言語学に基礎をおく方法だったが，1990 年代から大規模対訳コーパスを用いた機械学習による統計翻訳に移行し，2015 年ごろから統計翻訳の仕掛けを深層学習を使った方法に変えることによって大幅な性能改善が実現した．統計翻訳は IBM，深層学習の翻訳は Google によって進められ，Web 経由で誰でも使えるようになり，明らかに民生技術に転換している．こうして民生化した機械翻訳は言語障壁による相手国への誤解から紛争につながることを避けるツールとも考えられ，平和目的に一役買っていると言えよう．その意味で，一般にはあまり認識されていないが，機械翻訳は典型的なデュアルユースの AI 技術である．

4.5.8 民生用から軍事用への流れ

技術の基礎がハードウェアからソフトウェアに変化すると，軍事から民生という技術移転の流れに変化が起きた．軍事用のハードウェアは特定の企業が秘密裏に熟練した開発者や技術者と高額な製造装置を投入して最高品質の製品を目指し，国からの予算に糸目をつけない発注によって軍事用の製品開発が進む．ただし，担当できる開発者や技術者は少数なので，開発時間はそうそう短縮できない．やがて，性能

---

68 経済的競争相手とみなされたのであろう．

のよいものが出来上がり，かつその希少性が薄れて敵味方の周知する技術になると，量産効果によって低い価格で民生市場に提供が始まるという流れになる．

ところがソフトウェアは利用が容易なクラウドサーバや PC によって開発可能なので，多くの民間人が開発に参加してしのぎを削る．このような競争環境によって性能が急速に向上する．最近は誰でも使える AI のパッケージソフトが増えてきており，AI 技術の進歩は急速である．こうなると，特定の企業で少数の開発者が秘密裏に開発する場合より，民間の開発速度のほうが圧倒的に早くなる．したがって軍事用に機能や性能のよいシステムを開発したければ，民間技術を使わない手はない．こうして民生用から軍事用へという技術の流れができあがる．

民生用から軍事用への流れの典型例はデータマイニングや AI 技術であろう．特筆すべきは画像処理分野である．航空機や衛星からの画像解析は地図業者が注力していた技術だが，最近では軍事施設の監視と現状把握に定常的に使われている[69]．もちろん，衛星画像解析は民生用にも大活躍であり，地震や台風の被害状況の即時把握などの威力を発揮する．顔画像認識は民生用では PC の本人確認などにも使われているが，国境における出入国管理で急速に導入されつつある．背後にある問題人物の入管でのチェックは必ずしも軍事用ではないものの，国家安全のために必須の技術である．上で述べた偵察用ドローンでは，紛争地域で顔画像認識や行動履歴データを個人ごとに行い，テロリストや敵の戦闘員を識別するとなると中核的な軍事技術になってくる．画像処理技術は典型的なデュアルユースである．

4.5.9　軍事用と民生用の境界の曖昧化

暗号技術やネットワークにおけるサイバーセキュリティ技術は，民生用の使用が大多数であるネットワークの安全性維持に必須である．

69　北朝鮮の核施設の現状は TV ニュースでも頻繁に放映され，国際政治への影響が大きい．

ただし，最近は AI 技術を使ったサイバー攻撃も常態化しているらしく，軍事技術としての意味合いも高まっている．さらに原子力発電所，電気系統，さらには航空管制，鉄道制御などの公共施設へのサイバー攻撃はひとたび起こってしまうと社会的混乱と損失は測り切れない．これらは民生用施設であるが，軍事的な標的になりうるということを十分に理解し，サイバー防御に力を入れなければならない．画像処理も同様であり，前記の入出国管理，PC の認証と衛星画像解析も同じような技術が軍事用，民生用にも使われる．つまり，技術を軍事用と民生用に切り分けることが困難な状況になっている．言い換えれば，非常に多くの身の回りの技術はデュアルユースであるという現状を直視しなければならない．

この節の締めくくりに，マキャベリの有名な言葉を引用しよう．

「天国へ行く最も有効な方法は，地獄へ行く道を熟知することである．」[70]

参考文献

[1] 山西健司：『データマイニングによる異常検知』，共立出版，2009

[2] 井手剛：『入門　機械学習による異常検知』，コロナ社，2015

[3] 井手剛，杉山将：『異常検知と変化検知』，講談社，2015

[4] Narayanan A., V. Shmatikov. : Robust De-anonymization of Large Sparse Datasets. Proc. of the 2008 IEEE Symposium on Security and Privacy, pp.11−125, 2008

[5] イーライ・パリサー（井口耕二訳）：『閉じこもるインターネット』，早川書房，2012

[6] 石井夏生利：『新版　個人情報保護法の現在と未来』，勁草書房，2014

[7] 佐久間淳：『データ解析におけるプライバシー保護』，講談社，2016

[8] 中川裕志：『プライバシー保護入門：法制度と数理的基礎』，勁草書房，2016

[9] シナン・アラル：“フェイクニュース”といかに戦うか，Harvard

70　天国は平和な状態，地獄は軍事的衝突と考えて，この警句を読み直してみたいところである．

Business Review, Vol.44 No.1,pp.18-33, 2019

[10] グレゴワール・シャマユー（渡名喜 庸哲　訳）:『ドローンの哲学 – 遠隔テクノロジーと〈無人化〉する戦争 – 』，明石書店，2018

[11] The IEEE Global Initiative on Ethics of Autonomous and Intelligent Systems : Ethically Aligned Design version2: A Vision for Prioritizing Human Well-being with Autonomous and Intelligent Systems, 2018

5 AI倫理の目指すもの

この章では，最近多くの提案や文書公開がされている **AI倫理**の主要論点を眺める．すなわち，透明性から説明可能性，アカウンタビリティを経てトラストに至る流れを説明する．この流れは，従来は必ずしも正確に理解されていなかった．次に，公平性について議論する．最後に最近[1]公開されたAI倫理指針の傾向を分析し，**将来のAIの方向性**を考えてみる．

---

1 ここでは本書執筆時点である2019年5月を現在と考えて，その直前までの数年を「最近」と考えている．

5.1 透明性と説明可能性

AI においてどのような仕組みで結果が出てくるかは，第2次ブームのころの if-then ルールなら人間にも理解可能だった．しかし，その後，ビッグデータに統計処理を施す機械学習が主流の時代になり，数十以上の高次元のデータの織りなす相関関係を自動抽出する時代になった．数十から場合によっては万オーダの高次元のデータに対する相関関係は，人間にとっては理解が困難になった．

さらに追い打ちをかけたのが，データの次元がもっと高くなった深層学習である．深層学習で学習された分類規則は人間が理解することが専門家でも困難であり，かつ学習過程自体も理解できないというブラックボックス化が進んでしまった．利用者側としては学習プロセスと学習結果に関して，それらの説明が仮になされたとしても理解が十分にできない AI，つまりブラックボックス化した AI は安心して使えないという心理が働く．そこで，ブラックボックス化した AI をトラスト（trust）[2] してもらうにはどうしたらよいかという問題に直面せざるをえなくなった．

5.1.1 透明性（Transparency）

IEEE Ethically Aligned Design version2［1］によれば，ブラックボックス化への対応策として，「透明性」すなわち事故時，あるいは利用者からの開示要求があったときに AI の動作に関する十分な情報を提示できることを必須としている．AI が供給する情報としてあまりに詳細な情報をもらっても，一般人はおろか専門家でも理解できない．そこで AI 側が提供する情報として推奨されるのは，

---

2 trust は和訳すれば「信頼」「信用」ということになりそうである．また，法律用語としては fiduciary もある．しかし，AI 分野では国際的にはこの概念はほぼ trust（トラスト）という単語で表されているので，ここではそれに従うことにした．

136 第5章 AI 倫理の目指すもの

1）結論に至る論理的プロセスの概要

2）AI応用システムにおける大雑把なデータの流れ

3）使われた入力データ

となる．入力データはさらに

3-1）　AIにおいて学習に用いられた学習データ

3-2）　具体的なAI応用システムで使われた個別データになる．

　例えば，奨学金の貸与の可否を判断する可否分類システムを作ったとき，学習データは，過去に奨学金を貸与した人たちの個人情報と能力やスキルと奨学金を得て過ごした期間の学業成績が学習データになる．学習データの開示にあたっては個人情報が漏洩しないことが重要であり，基本的に可能なのは統計情報の開示だろう[3]．一方，奨学金の応募者からの応募者自身のデータの開示供給があった場合は3-2）のケースであり，分類システムに入力したデータが応募者本人のものに一致することを示さなければならない．3）のデータの場合は，このようにかなり具体的な開示のイメージを持つことができる．

　透明性のために開示する情報として作成が難しいのは，1）の論理的プロセスや2）のデータの流れである．技術的にはいくらでも詳細な情報を出すことができるであろう．しかし，果たして理解できる説明になっているかどうか？　この点がAIのような複雑な処理プロセスの場合には困難な問題点となる．ここで，次に述べる説明可能性という問題が現れてくる．

5.1.2　説明可能性（Explainabilty）

　出力結果がどのようにして得られたかを説明可能なAIはXAI[4]と

3　しかし，統計情報ならよいというわけではない．1名だけ年齢が極端に違う場合は統計情報でも個人情報漏洩につながりかねないので，極端な値のデータは除去するトップ／ボトムコーディングと呼ばれる前処理が必要である．

4　eXplainable AIの大文字をつなげて　XAIと呼ぶ．

呼ばれ，最近研究が盛んになってきている[5]．具体的に提案されている方法は，

1) 深層学習であれば，分類結果に直接寄与する出力層の変数がどの入力変数に関係しているかを明示的に表す方法
2) 要求された入力データと似ている過去の入力データでどのような結果が得られたかを相当数提示する方法
3) 深層学習などの複雑な分類システムそのものを説明するのではなく，同じような動き[6]をする簡単で理解可能な分類システムで置き換えて説明する方法

などが提案されている．1) の出力変数の説明は専門家にとっても決して理解しやすいものではないし，2) の具体例表示は適切な具体例が見つかる保証がない．3) の理解可能な分類システムとしては，条件分岐する決定リストや分類木などが候補になる．年齢や家族の許可の有無による酒類の販売の可否を理解可能な形で記述した決定リストを図 5.1，分類木を図 5.2 に示す．このような可視化可能な形式なので，3) はかなり有望と見えるが，複雑な分類システムを説明する分類木は複雑で理解困難になってしまう可能性がある．また，簡単な

```
     if 年齢 < 10  then 売らない
else if 年齢 < 20  then  親の命令なら売る
else if 年齢 < 70  then  売る
else if 年齢 < 90  then  子供の許可あれば売る
else 売らない
```

図 5.1　決定リスト

5　機械学習の国際的なトップ会議 ICML（International Conference on Machine Learning）では 2017 年から XAI に関するワークショップがその一部として開催され，種々の研究成果が公開され始めている．

6　技術的に言うなら「近似的な等価」

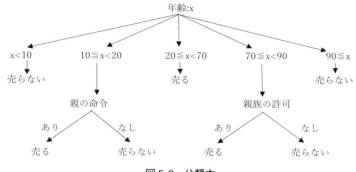

図 5.2　分類木

短い決定リストや簡単な分類木で近似してしまうと十分な説明ができないかもしれない．現在までのところ有効な決定打には至っていない．

　ここまでの XAI の研究は対象が単一の AI システムであった．しかし，すでに 4 章で述べたフラッシュクラッシュのような多数の AI が相互作用する場合には，その動作を説明できる数理モデル化自体が困難である．悪いことに AI システムが随所で導入され始めた現在，複数の AI システムがネットワークで接続される場合が増えてきている．このような複数の AI の競合あるいは協調によって引き起こされる挙動の理解可能な説明は社会的に必要なものになってきているにも関わらず，まだ研究の入り口に立った程度の状況であるようだ．

　以上のような事情により説明可能性を技術的に実現することが困難であるため，人間を介在させる対処法が取られている．その具体例として，プロファイリングから自動的処理のみによって出てきた結論に従わなくてよい権利を記した GDPR 22 条の実施法があげられる．結論を受け入れられないデータ主体の個人からのクレームに対処するにあたって，一般人に理解できる説明を AI が作ってくれれば問題の大きな部分は技術的に解決できる．しかし，それができない以上，人間が介入せざるをえないというわけである．すでに 4 章で述べたように GDPR 22 条はここにトリックがある．つまり，「自動的処理のみ」と明記してあるので，説明に人間が関与すれば，22 条を遵守したことになるわけだ．実際には，クレームをつけた人にサービス提供側の人

間が説明する内容は，5.1.1 の 3-2）の個別データと超大雑把な結果に至るプロセスであろう[7]．このようにクレーマーに論理的に理解かつ納得させる詳細かつ正確な情報のかなりの部分を諦め，現状は今までどおりに人間が対応しましたというシステム運用にならざるをえない．GDPR 22 条の高邁なアイデアと AI の現実が大きく乖離していることが見て取れる．

AI 自体に説明可能性を求めずに人間が説明するにしても，どのような情報を説明者が開示すべきかについては，IEEE Ethically Aligned Design version 2［1］では以下の項目を列挙している．

1）AI 応用システムの開発主体，学習データ提供者，出資者．
2）より根本的には AI に委譲できない権利：戦争，死刑など人の命にかかわるものを確定しておくこと．
3）AI における学習で使われた入力教師データと AI 応用システムに投入された入力データ．これはすでに述べた 5.1.1 の 3-1）と 3-2）に相当する．
4）AI 応用システムの出力結果．

見落とされがちなのは，1）の開発主体と出資者であるが，次節に述べるアカウンタビリティにおいて，彼らは責任をとるべき主体として重要である．

5.2 アカウンタビリティ

AI で透明性と並んでしばしば使われるアカウンタビリティ（Accountability）という単語を"説明責任"と訳したのは誤訳と言っても差し支えない[8]．なぜなら，AI の説明責任というのは「AI の出力

7　説明する人自身も AI の動作の詳細は分かっていないことが十分に考えられる．
8　この議論は慶応大学法学部の大屋雄裕教授が内閣府の人間中心 AI 推進会議の場での発言に触発されてまとめたものであり，深く感謝する．

140　第 5 章　AI 倫理の目指すもの

結果について説明する責任がある」という誤った解釈をされやすいからである．Accountability の意味には，

1）法に従っていることを第三者に対して説明する義務があること
2）この責任を果たせない場合は，法的制裁が加えられること

の2つが含まれている．上記の誤解では後半2）の責任を問われた場合に，なにがしかの処分を受けなければならないという部分が欠落している．

IEEE EAD version 2［1］の General Principle によれば，アカウンタビリティのうち事故時の責任を全うするためには AI システムの設計者，開発者，保有者[9]はとるべき責任を適切に分配する法制度を整備すべきと示唆している．この分配が不適切で，仮に設計者や開発者に多くの責任があるとされると開発者が委縮して，AI の発展を阻害してしまう．一方で，設計者，開発者には AI システムが利用される社会環境，文化環境にも配慮した設計，開発を促している．社会環境，文化環境は利用時の責任の取り方に係わるものだから当然，考慮の対象になるし，それらを無視した AI システムを開発しても社会に受け入れられないことも示唆している．

ヨーロッパで AI 専門家によって提案されている倫理指針 "Ethics Guidelines for Trustworthy AI"［2］では，AI システムの開発側の責任の取り方として，金銭的補償を提案しており，人種差別の扱いをする結果が出た場合は，最低限，謝罪は必要だとしている．

このように IEEE EAD や上記の Ethics Guidelines for Trustworthy AI のような欧米の倫理指針では責任を取るべき人間や組織，さらに金銭補償のような責任の取り方まで議論している[10]．翻って，日本では AI システムが問題を起こしたときの関係者の義務は「説明責任」を終着点とする記述が多い．悪く言えば，AI 開発者，運営者側は，

---

9 出資者も含まれうる．
10 法律的な用語としては「答責性」と呼ばれる概念に相当すると思われる．

問題が起きたときに AI の挙動の説明をすれば責任を果たしたという誤解が蔓延している．つまり，誤った「説明責任」によって AI 利用者に説明される内容は，5.1.1 の 3-1），3-2）に示した入力データ，および入力データから結果出力が得られるまでのデータの流れに限定されてしまい，これらの内容を AI システムの利用者に自然言語文で提示すれば「説明」したことになってしまう．これによって説明責任を果たしたなどという極めて安易な慣行を助長することになりかねない．

上で述べたアカウンタビリティの 1），2）を満たすには，

3）入力データから得られた結果出力，を
4）AI 応用システムの利用者が納得できる形で説明すること

が必要になる．2）の法的制裁まで射程にいれるなら，法律に訴えて告訴などに行く前に双方の話合いから示談という手続きになるわけだ．4）の利用者が納得できる説明，というのはまさに示談の前提の話合いの部分に相当する．こう考えてくると，アカウンタビリティの実現のためには，単純に透明性に基づく情報開示がされても，それが一般利用者には納得できない専門的な説明では不十分であることが分かる．もちろん AI の動作を説明によって理解できれば理想的だが，何度も述べているように一般利用者，多くの場合は専門家にとっても，理解困難な説明しか現状では作り出せない．せめてできることは，

5）責任者を明確に指摘する

である．責任者になりうる関係者は，AI 製品を企画し，開発に投資した者あるいは組織，AI 製品の開発者，人工知能へ学習に使う素材データを提供した者，AI 製品を宣伝，販売した者，AI 製品を利用する消費者である．事故時の責任の所在が説明されるなら，2）の法的制裁への道が開ける．なお，末端利用者である消費者に責任が及ぶ

のは不可解だと思われるかもしれないが，それは以下のような理由による．

5-1) 複雑な AI サービスを理解せずに使って損害を受けること，
5-2) 自身のスマホなどに搭載されている AI ソフトウェアの必要なアップデートを行わないことがありえること，
5-3) 利用しているうちに利用状況を入力データとして AI が学習し機能が更新されること．

これは利用方法にも原因の一端があり，開発者側では把握しきれないことである．

以上を透明性との関係で整理してみよう．透明性によって開示される 5.1.2 の 1)〜4) の情報は，アカウンタビリティを実施するために使われる情報になる．透明性に依拠して利用者に開示すべき内容をこのように考えて AI システムの設計を行うことになる．

しかし，問題はまだ残っている．AI システムについて説明した内容は，利用者に理解可能かつそれによって納得できるものでなければいけないのだが，XAI の実情で述べたように，現在の技術では理解可能な説明には遠く及ばない．その解決策としてトラストという概念が重視されはじめている．以上，述べてきた説明可能性，理解可能性，透明性，アカウンタビリティ，そして次節に述べるトラストの相互関係を図 5.3 に示す．

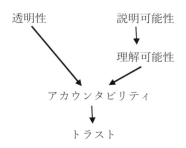

図 5.3　説明可能性，理解可能性，透明性，アカウンタビリティ，トラストの関係

5.3 トラスト

AI システムの動作を非専門家に理解してもらえる技術がない状態で，AI を一般人に安心して使ってもらうにはどうしたらよいか？もう信じてもらうしかない，という発想からトラストという概念が重視されるようになってきた．通常の技術要素ないし技術的ツールにおいてトラストとは，故障しないこと，入力に対して常に安定した出力が得られることを意味する [11].

AI のデータ依存性すなわち，AI が学習データから機械学習して自らの機能を変更する能力を持つこと，AI エンジン自体の複雑さ，という理由により，未知入力に対する AI の動作の予見可能性は低い．また，利用者が AI を実際の業務などで使いながら，その使用環境で得られたデータや結果でさらに学習し進化して動作が予測できなくなることも予見可能性を低めている．場合によっては実利用の経験データによる学習によって一度は成立していた入力・出力関係が崩れてしまう可能性すらある．このように考えてくると，既存の技術的ツールのトラストとの対比で言えば，故障しないことはまだしも，入力に対して安定した出力が得られるという点は，上記の予見可能性の低さによって破綻する．

以上の考察により，AI のトラストは通常の技術におけるトラストとは異なる発想で定義する必要がある．AI に対するトラストを定義するにあたっては，AI の動作を正確に説明し理解してもらうことが不可能という現実から出発しなければならない [12]. つまり，トラストを得るための説明文は AI の動作の正しさを証明することが目的ではなく，利用者に信用ないし納得してもらうことが目的である．そのためにはどのような情報を提示したらよいかということが問題なので，これについて以下で考えてみよう．

---

11 文献［2］では，このことを reproducibility と呼んでいる．

12 うまく説明文を作れば一般人でも理解可能な説明文が作れるというのは，現在の技術からみて楽観的すぎる．

まず機械的に可能そうなトラストを得るための情報を振り返ってみよう.

1) AI応用システムの多数の人々の匿名化された利用履歴を開示して，妥当性，公平性をトラストしてもらう方法
2) AI応用システムの利用者が自分の個人データを入力して得た結果に関して疑義を申し立てた場合，その個人データと類似する過去の入力データ[13] と結果出力を示して，当該結果の妥当性，公平性を納得してもらう方法

上記1) も2) もAI応用システムの内部的な動作には触れず，あくまで利用者からみて納得できる結果を示すことを目的にしている．ただし，AI応用システムの動作の正しさを直接証明しているわけではないので，利用者が納得せずに水掛け論になってしまう可能性がある．また，技術的にみて，2) の方法における「類似する過去のデータ」をどのように定義するかも難しい．技術者が考える類似性と，一般人の利用者が考える類似性が共通のものだという保証はない．こうして見てくると，技術的な方法だけで利用者に納得感，安心感を与えてトラストしてもらうことには，かなりの困難が伴う．

次に，技術的ではなく学問や技術の歴史的集積と法制度によってトラストを得る方法を考えてみる．これを我々が病気に罹ったときに診てくれた医師をトラストして処置を任せるという例になぞらえて説明してみる．

5.3.1 医師の例

医師が処方してくれた薬を飲むというのはその薬をトラスト[14] していることに加えて処方した医師をトラストしているからである．医師をトラストできるのは，その医師が医学を修め医師としてのスキルを

---

13 もちろん，開示情報は統計情報化して匿名性を担保しなければならない．
14 製薬会社や薬の認可における治験制度をトラストしていることを意味する．

持っていることを，医師国家試験に合格し医師免許を持っていることで保証されているからである．さらにさかのぼれば，医師免許をトラストできるのは，医師が修めた医学そのものが正しい医学的知識であることをトラストしているからである．過去千年以上にわたって，医学は病気を治癒する効果を発揮してきたという歴史的事実があるので医学をトラストしているわけである．医師の場合，トラストされていても誤診がある．その場合，患者は裁判に訴えることができるし，医師も医師免許剥奪というリスクは負っている．この緊張感も患者が医師をトラストする有力な心理的根拠になっている．このように考えてくると，医師は自分の医療行為に対してアカウンタビリティをもっており，それを患者側がトラストしているという構造になる．

最近ではゲノム創薬でなぜ薬が効くかを理論的に説明できる場合も増えているが，効く薬を使用経験で試す場合は，治験が薬としての認可すなわちトラストを得ることが基本である．まずマウスで実験し，次に人間の治験者を集めて効くことおよび副作用がないことを統計的に検定してトラストを生み出しているわけである．

5.3.2　AI のトラスト

話を AI のトラストに戻してみよう．利用者が AI をトラストするのは，まず AI システムを使ったサービス提供側が，AI システムを十分にテストして正しい結果を得ることを保証できる場合である．この保証[15] は，動作保証書のような形式文書によることもできるかもしれないが，AI がデータや実利用においてその機能を変容させることができるとすると，形式的文書では不十分だろう．すでに技術的な方法として述べた 1）の利用履歴，2）の類似例の結果によることになるだろう．したがって，1）と 2）の方法を実施することは無駄ではない．

今のところ，AI システムや AI システム開発者に対する免許制度はないので，医師免許のようなトラストを期待することはできない．ま

15　これは医師の国家免許に対応する．

た，免許制度などをうっかり決めてしまうと，その免許制度の硬直化によって技術革新が止まってしまう可能性もあるので，推奨できない．

このトラストの根拠を AI にマッピングしてみると，AI が誤った結果を出し，それが AI システムの利用契約に反する場合は裁判に訴えることができる[16]．AI が誤った判断をした場合は，AI 応用システムの利用者が多いだけに評判リスクは運営会社にとって死活問題である．そのような事情からみて，事業を長期間継続できている AI システムの運営会社は評判リスクから免れてきたという意味でトラストできるという利用者側の心理になるだろう．

トラストしていても誤診や事故は起きることがある．その場合は，保険による補償制度が有効である．保険は AI システム利用者に安心感を与えるという意味で，AI システムのトラスト形成に寄与する．

以上まとめると，トラスト形成に寄与する要因は

- 技術的な利用履歴開示
- 個別利用者の利用の類似例ないしは理解容易な推論の近似表現の提示
- AI システムの開発者が十分にテストして正しい結果を得ることの保証
- AI システムないし運営会社が長期にわたって事故を起こさずに事業継続してきたという評判と安心感
- 事故を補償する保険

である．これら全てを統合した体系がトラストの形成の基本となる．ここまでできれば AI システムも医師に近いトラストを獲得できると予想する[17]．

---

16 医師の場合も，AI の場合も被告側は原告側に比べてはるかに豊富な知識をもっているので，裁判で勝つことは非常に難しい．ただし，AI の内容や原理を熟知している弁護士が相当数現れてくれば，裁判における力関係の差は埋まってくるだろう．

17 このようなトラストの構成はまだ未来の話なので，医師と同じレベルのトラストとは

以上述べてきたのは AI システムに人生におけるかなり重要な判断
をゆだねる場合を含んでいた．たとえば，医療における AI 診断，AI
による就職採用試験，AI による人事評価，AI による保険料の査定，
などがあげられる．だが，もう少し人生への影響が小さなケースでも
AI は使われる．例えば，購入する各種商品の AI による推薦，AI に
よるレストラン推薦，などである．このような場合も含めて概観する
と，AI システムのトラストの強さの心理は推薦された商品やサービ
スから得られる利得と損害のバランスによって決まる．具体的には以
下のような要因による．

- AI 利用結果として予見される損害は小さければトラストしやす
  い．
- AI 利用結果として予見される利得の不確実さが大きければ，低
  いトラストでもイチかバチかで利用する（ギャンブル的）．換言
  すれば，利用者が十分な情報を与えられて論理的判断するのでは
  なく，利用者が自分自身の過去の経験や勘をトラストしているわ
  けである．

　以上では，利用者がサービス提供側の AI システムをトラストする
という局面ばかり考えてきたが，逆にサービス提供側が利用者をトラ
ストできるかという問題もある．これは利用者認証の問題と位置づけ
られ，具体的にはサービスを提供したとき，きちんと対価を払ってく
れる利用者かどうか判断したいという問題である．AI を利用するサー
ビスの多くは，ネットワーク越しに行われるので，利用者認証もネッ
トワーク越しに行わなければならない．ネットワーク認証の分野では
多くの研究や標準化実装がすでに行われている[18]．ネットワーク認証
は，大雑把に言えば次のようになる．利用者がトラストできることを
保証する第三者機関があり，実利用において，サービス提供側はその

言い切れなかった．
18　OAuth, OpenID Connect［3］など多数の標準が提案され実装，実利用されている．

148　第 5 章　AI 倫理の目指すもの

第三者機関に問い合わせるような形態である．ただし，利用者のシステム利用履歴によって認証の強度，トラストの度合いを変更する場合は，AI 技術の利用は有効であろう．

5.4 フェアネス

AI システムが利用者にとってフェアネスを持つことは，AI システムを社会で実用化するときに避けて通れない関門である．5.3 節で述べた透明性やトラストは AI システムのフェアネスを確保するための仕組みになる．しかしながら，フェアネス（Fairness）という言葉は，日本語では「公平性」と考えられているが，その定義は社会状況によって異なるため，その実態を把握しにくい．以下ではまず，これらの概念の関係を整理する．

5.4.1 公平性

具体例を使って考えてみる．図 5.4 はある大学における奨学金の可否をスコアリングする場合を意味する．

3 人の頭の頂点が各人の奨学金受給評価のためのスコアを意味する．スコアが奨学金受給境界より上に出た人だけが奨学金を受給することができる．

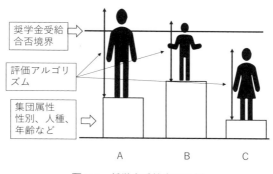

図 5.4　奨学金受給合否の例

3 人が乗っている箱は各人の属する集団の属性データに依存して決まる奨学金受給の下駄を履かせる量を示す．下駄の高さは，性別，人種，年齢，親の寄付金など種々の属性で決まる．例えば，従来の奨学金受給者は，年齢が低いほうが入学後の学業成績が高い，あるいは女性のほうが入学後の学業成績が低い，などという統計的データがあるとする．すると年齢の低い人にはたくさん下駄を掃かせ，女性には少ししか下駄を掃かせないというようなことができる．

3 人の身長は，個人の属性データ，例えば入試の点数，性別，親の収入などからアルゴリズムでスコア計算した結果を表すとする．

図 5.4 では真ん中の人は親が学校への高額寄付者なので，下駄を高く履かせてもらっているおかげで，入試の点数は良くなかったが合格境界を越えていることを意味する．右端の女性は，入試の点数は良かったが，男性を優先したいというバイアスによって下駄が低く合格しなかったということを示している．

図 5.4 の一般的な状況を変えてみながら，フェアネスの定義について考えてみよう．

まず，下駄の高さをそろえた図 5.5 の状況を考えてみよう．下駄の高さはこれまでの奨学金受給者の入学後の学業成績データによって決まると考えられる．かりに性別，人種，年齢などの属性と奨学金受給の可否に関して，全国の大学の奨学金受給者の入学後の学業成績データを使った場合と，当該大学のデータだけを使った場合を比較してみよう．前者は個別大学への依存性がないので，後者の当該大学のデータだけを使う場合に比べてデータのバイアス（bias）[19] が少ないと言える．図 5.4 はデータのバイアスがあり，図 5.5 はデータのバイアスが全くない状態である．図 5.4 と図 5.5 を比較すると，本人の個人データに由来しない不公平の一つはデータのバイアスで誘発されることがわかる．

図 5.4，5.5 では奨学金受給という結果については必ずしも公平で

---

19 日本語では偏向と訳すことがあるが，通常の使用ではバイアスという言い方が多いので，ここでは「バイアス」ということにする．

150 第 5 章 AI 倫理の目指すもの

図 5.5 データバイアスがない状態

図 5.6 結果の公平性を達成する場合

はない．結果の公平性を保とうとすると，図 5.6 のようになる．

　右端の女性の場合はデータのバイアスのせいで下駄の高さが低いので，結果の公平性を確保しようとすると，個人の属性データからスコアすなわち図中では身長を計算するアルゴリズムにバイアスをかけて，最終的なスコアを高くする必要がある．データにバイアスがある場合，スコア計算のアルゴリズムにバイアスをかけて結果を公平にすることをアファーマティブアクション（affirmative action）と言う．人種や性別で既存のデータに激しい不平等がある場合にアファーマティブアクションが使われてきているが，公平性の確保自体が自己目的化する傾向もある．例えば，奨学金受給者の半数を女性にするというアファーマティブアクションが導入されると，男性で優秀な人が合格しないという逆差別が生じる状態も指摘されている．では，男女各々の応募者数に比例した男女の合格者にするという改善を考えてみ

よう．しかし，学問分野によっては明らかに男女の差がある場合もあるので，逆差別の問題は依然として残る．よって，結果の公平性を求めることは真の公平性につながるのか疑問である．そもそも真の公平性は個人や社会の価値観にも依存するため，普遍的な定義が難しいことを意識しておく必要がある．

　上で述べたように最終的な結果に対する公平性を考えることがなかなか困難であるので，スコア計算の細部に焦点を当ててみる．データとアルゴリズムのバイアスについて上で説明したが，バイアスがないデータによる下駄の履かせ方を用い，バイアスのないアルゴリズムを用いて得られた結果にフェアネスがあると，ここでは定義する．そうすると，フェアネスを定義するにはバイアスを定義しなければならない．そのためには，まず，バイアスがないことを定義しなければならない．だが，これは容易なことではない．例えば，英語が使用言語となっている国際会議の発表で，英語以外の言語が母国語である発表者と英語母国語の発表者が全く同じ基準で評価されるのは，発表内容の評価についてはバイアスがないが，英語母国語話者にとっては表現力で優位にあるため，言語能力バイアスがあるとも考えられる．例えば，英語母国語でない発表者に1割増しの発表時間を割り振るアファーマティブアクションは言語能力バイアスを減らすという意味で公平かもしれない．しかし，時間の均等配分という意味では公平でないかもしれない．言語能力バイアスへ減らすことが目的か，物理的時間配分を公平にすることが目的かでフェアネスの定義が異なってくる．

　以上のように公平性の定義は結局，目的依存なのだが，ひとたび目的を確定すれば，その条件下で他のバイアスが入らないようにするアルゴリズムないしデータはフェアネスがあると言える．

　ここまでの議論を抽象的にまとめてみれば以下の項目建てとなる．

1) 結果が平等（アファーマティブアクション），
2) 出発点が平等（バイアスないデータ）
3) 処理プロセスが平等（バイアスないアルゴリズム）

そのうえでフェアネスは次のように定義できる.

4) 対象とする処理において目的を設定し，その目的に係わらない項目は公平に扱う[20].
5) データとアルゴリズムに関して公平に扱う項目にはバイアスが入らないようにする.

　AI システムの利用者に結果のフェアネスを納得してもらうためには，上記 4)，5) を説明することができるようにする. これが，5.1 節で述べた透明性に対応する. ただし，この説明は処理が複雑だと利用者に理解しきれない場合も多いだろう. その場合には処理システムの設計者や運用者が信頼できる，ないしはライセンスされていること，不公正であった場合の補償も明記するなどの5.2 節で述べたアカウンタビリティを確保する. こうしてフェアネスが確保されていることを利用者に納得してもらうこと，すなわち，フェアネスという点に関して AI システム運用側がアカウンタビリティを持てば5.3 節で述べたトラストは処理システムの運営者と利用者の間に形成されることになる.

　以上は，データとアルゴリズムの扱いから積み上げてフェアネスに至る方法だったが，フェアネスの結果として得られるトラストは，この積み上げプロセスを省略して得られる場合もある. 例えば，ある処理システムの利用者が，実際に利用する以前にトラストを崩す事例がなかったことでトラストしてしまうかもしれない. あるいは処理システムの運営業者の規模や評判でトラストしてしまうかもしれない. こういった根拠が薄いトラストは安易に得られるだろうが，ひとたび問題が発生するとデータとアルゴリズムにバイアスがないことから積み上げたアカウンタビリティが要求されることになるだろう.

20　これを機械的に行うのは困難である. つまり，ある項目が表面的には目的に係わらないように見えても，因果関係に連鎖を詳細に検討すると目的に関わっているかもしれない. このような項目を統計学では「交絡因子」と呼ぶ. 本質的には，因果関係の認定がデータだけからは行いにくいことがあり，そもそも因果関係の厳密な定義自体が難問である.

5.4.2 バイアス再考

バイアスによって不公平，あるいは差別を誘発させてはいけない属性について再考しておこう．日本の個人情報保護法では「要配慮情報」と呼ばれているものがまず俎上に上る．具体的には人種，宗教，性別，年齢，住所，学歴，履歴，前科，前歴，親族，健康状態がある．身体的特徴もバイアスを生む．

たとえば，特定の病気にかかりやすいというゲノム情報は生命保険の保険料計算ではバイアスとして作用するかもしれない．個人の情報でなくても，前に述べたように親が高額寄付者であるというデータは入学試験におけるバイアスを生じるかもしれない．こう考えてくると，バイアスとフェアネスは人間社会の縮図のようなところがあるので，一律に最適な計算手法を定義できず，分野ごと，目的ごとに綿密に検討しなければならない．残念ながら，現在のAI技術は，限定された条件下でのフェアネスを最高度に達成するアルゴリズムを探すことに苦労している状態であり，分野ごと，目的ごとの最適化のためのAI技術はもう少し先の話になる．

余談になるが，AI，機械学習の分野でフェアネスのテーマが現れてから，すでに20年近く経っている．ある技術は驚くほど急速に進歩するが，進歩が遅々としている技術も多い．その差がなぜ生じるかは，私見ではあるが，囲碁のAIプログラムのように数理モデルを外界から切り離して定義できる閉じた世界を作れた場合，技術は急速に進歩する．一方で，フェアネスのように外界から切り離したモデル化ができない場合，すなわち外界に対して開いた世界を考えなければならない場合，技術はなかなか進歩しない．AIでは閉じた世界を切り出すことをフレーム問題というが，残念ながらフレーム問題の根本的な解決の糸口が見つかっていない．

5.4.3 アンフェア

ここまではAIシステムの運営側も利用者側も善意に基づいて行動し，にもかかわらずフェアネスの実現は難問であることを述べてきた．しかし，世の中は善人ばかりではなく，AIを使ってわざとアン

図 5.7　AI パワハラ

フェアな扱い[21]を企む人もいるだろう．アンフェアさを AI システムでどう実行するかを想像してみよう．図 5.7 は，上司が若手社員に「AI がこう判断したんだよ」という理屈をつけて若手社員に無理難題を押し付けている AI パワハラの図である．理屈付けに AI を使わなければ，今までにもたくさんあったパワハラだろう．

この上司は AI の出した結果を根拠にしてパワハラしているわけだが，AI の仕組みを知っている上司なら，仕事を押し付ける相手の若手社員の個人データを改竄することで上司に都合のよい結果を出させることができるかもしれない．もっと狡猾で AI に詳しい上司なら，教師データの改竄で都合のよい結果を出させるかもしれない．

このような AI の悪用はかなり大きな脅威になりかねないため AI の出してきた結果に対して文句を言える社会制度を考える必要がある．このことを強く意識している法律として GDPR22 条では「計算機（実際は AI）のプロファイリングから自動的に出てきた決定に服さなくてよい権利」を明記している．権利行使の方法としては，

1）プロファイリングに使った入力データを開示する．
2）出力された決定に対する説明を人間が果たす．

21　misuse あるいは abuse　と呼ぶ．

の2点が報告されている．こうなってしまうと，すでに述べたように22条のアイデアは立派だが，実装においては2）で人間が説明すればよい，という抜け穴ができてしまう．さらに1）のデータ開示にしても，守秘義務や企業秘密の壁もあり実現性は疑問である．そこで，IEEE EAD version2［1］では，このような悪用を看破し，見逃さないためのより現実的な処方として法律の章で以下のような対策を列挙している．

1）AIがその結論に至った推論，入力データを明確化できる仕掛けをAIシステム開発時にあらかじめ組込む．これはGDPR22条の技術的な実現方法であり，Ethics by Designとでも呼ぶべきアイデアである．
2）AIが引き起こした納得できないおかしな動きに対する内部告発を制度的に保証する．これによって上司のパワハラの悪徳性を露見しやすくする．
3）AIが悪さをした場合の救済策を立法化しておくこと．つまり，パワハラで受けた被害を救済することは社内だけではうやむやにされがちなので，国の法律とすることによって強制力を持たせる．
4）保険などの経済的救済策も重視する．これは3）の救済策の一例であるが，上司の責任追及をしても不発に終われば被害者の損害は賠償されないことが危惧されるので，保険制度を活用することが有効である．

AIに汚れ仕事をさせて自分の良心の呵責を軽減ないし法的責任を逃れるという余地を残しておくと，結果的にはAIは信用できないという風潮が蔓延し，AIの社会での利活用の阻害要因となるので，この段階での対策は必須である．

ただし技術的に難しいのは，AIの良くないと思われる結果出力が

- misuse/abuse という悪用の結果なのか,
- AI の学習機能によって予測できなかった出力なのか

の切り分け技術がいまだ見えてこないことである. AI はこれまで開発者も利用者も善人であることを前提に作られてきたが, 今後は良くない目的での開発や悪用も視野に入れて開発, 運用をしなければいけない時代に入ってきたと認識すべきであろう.

5.5 AI 倫理の将来向かう方向

以上で述べてきたことは, AI 倫理の重要な要素であるものの全体ではない. そもそも AI 倫理は古典的な倫理学の倫理とは違うようだが、いったい何を意味するのだろう, という疑問を持つ人は多いであろう.

この疑問に対する単純な答えは「AI と人間の間の望ましい関係」ということになる. ただし,「望ましい」関係を定義することは難しい. なぜなら, AI と人間の間には実に多様な望ましい関係があり, そのどれか一つに肩入れすることは AI の発展方向を狭めてしまうかもしれない. そこで, むしろ「望ましくない」関係を調査して提示し, それによって 1) 望ましくない関係に陥らないようにする, 2) 望ましくない関係に当てはまらない方向の AI 技術はできるだけ自由に発展させる, ということが適切な対処の仕方であろう.

最近, 公開されている AI 倫理に関する指針の多くは, 前述の 1)と 2) を意識した項目建てと内容記述になっている. ここでは, 公開されている AI 倫理の指針としては, 以下のものを参考にして議論している [22]. なお, この順序は公開の時間順である.

---

22 AI 倫理に関してはあまりに多くの指針文書が提案, 公開されているのですべてを網羅することはほぼ不可能である. ここでの目的は AI 倫理の方向性を探るのに役立つ少数のものに限定せざるをえなかった.

文献［4］：Asilomar AI Principles

文献［5］：人工知能学会倫理委員会：人工知能学会 倫理指針

文献［6］：AI ネットワーク社会推進会議：報告書

文献［1］：Ethically Aligned Design version2

文献［7］：Ethically Aligned Design（first edition）

文献［8］：人間中心の AI 社会原則

文献［2］：Ethics Guidelines for Trustworthy AI

文献［9］：OECD Recommendation of the Council on Artificial Intelligence

これらの公開文書を詳細にわたって説明することは，紙数の関係でできないため，以下では「どのような AI 倫理に関する課題がどの指針で扱われたか」に絞って説明する．これによって，AI と人間の関係の将来像を想像していただくことができれば幸いである．指針の文書は現時点ではいずれも Web からダウンロードできるので，興味を持たれた方はダウンロードして原典をのぞいてみて欲しい．また，本章末の付録にこれらの指針で扱っている項目をまとめている．

(1) 名宛人

誰を対象にした文書か，すなわち名宛人が誰かは指針の性格の第一の要素である．上から公表の時間順に並べた各指針文書の主な名宛人を表 5.1 に示す．

この点で際立っているのは人工知能学会 倫理指針である．この指

表 5.1　AI 倫理指針の名宛人

Asilomar AI Principles	開発者，政策立案者
人工知能学会 倫理指針	開発者，AI 自身
AI ネットワーク社会推進会議：報告書	開発者
Ethically Aligned Design version2	開発者，政策立案者
Ethically Aligned Design（first edition）	開発者
人間中心の AI 社会原則	開発者，利用者，政策立案者
Ethics Guidelines for Trustworthy AI	開発者，政策立案者
OECD Recommendation	政策立案者

針は明快に名宛人が人工知能学会会員であるとしている。ただし、面白いのは会員宛ての前半 8 項目の後の 9 項目に「人工知能が社会の構成員またはそれに準じるものとなるためには、上に定めた人工知能学会員と同等に倫理指針を遵守できなければならない。」と明記され、AI 自体にも人間並みの倫理観を要求している。この表現は他の指針文書には類をみないものであるが、AI に人間並みの倫理観を実装する手法には何も触れておらず、現実感が乏しいことは否めない。他の指針文書は、表 5.1 に示すように、AI 開発者、AI システムの利用者、AI に関する政策立案の立場にある人々を名宛人にしている。Ethically Aligned Design は工学系の国際学会である IEEE から提案された指針であるだけに主要な名宛人は開発者である。一方、2019 年 4 月、5 月に日本、ヨーロッパなどから発信された表 5.1 の下 3 件は政策立案者を強く念頭においている。OECD Recommendation はその性格からして明らかに政策立案者を名宛てしている。1980 年の OECD から提案されたプライバシー保護の指針[23]が、その後の各国にプライバシー保護の基本原理になったことはよく知られている。この傾向は、AI 倫理の内容項目や方向性が固まるにつれて政策への反映を意識したものになってきたとまとめられるであろう。

(2) AGI あるいは超知能の危険性および制御

比較的初期に公開された Asilomar AI Principles, AI ネットワーク社会推進会議：報告書, Ethically Aligned Design version2 では、このテーマは強く意識されている。Asilomar AI Principles では、19〜23 の 5 項目において直接的に超知能に言及し、その危険性を直視するように論じている。具体的には本章の付録を参照されたい。特に 19 項目 "未来の AI の可能性に上限があると決めてかかるべきではない" は当時の危機感を如実に表している。AI ネットワーク社会推進会議：報告書では AI の制御可能性という形で触れている。Ethically Aligned Design version2 でも 3,4,5 章で考察している。しかし、その後に公

---

23 OECD Guidelines on the Protection of Privacy and Transborder Flows of Personal Data （1980）。このガイドラインは日本の旧個人情報保護法（1983）の基礎となった。

開された倫理指針ではほとんどこのテーマは触れられていない．おそらく本書第2章で書いたように超知能は当分の間は実現しそうにないし，また我々が想像するような形で出現するとも限らないことを多くの研究者が気づきはじめたからであろう．

(3) 軍事利用

AI の軍事利用に直接触れているのは初期の Asilomar AI Principles と Ethically Aligned Design version2 だけである．ひとつの理由は AI の軍事利用は好ましくないという主張はあまりにも当然である一方，これを実現するための CCW のような国際政治の場は各国の利害対立があり生々しい世界ということがある．Ethically Aligned Design version2 では，そもそも AI 兵器とは何かを議論するところから始めているが，IEEE が工学，技術系の学会であるから当然であろう．また，直接的に AI 兵器禁止を声高に記載しないのは，IEEE には多くの兵器製造に関連するメーカも入っているからではないかと思われる．

(4) プライバシー

プライバシーの保護については，すべての倫理指針で継続的に取り上げられている．このことから，プライバシーに関わる個人データは AI システムの主要かつ最も儲けになる対象データであること，GDPR に見られるようなプライバシー保護の世界的潮流が強いことが窺われる．

(5) 透明性，説明可能性，アカウンタビリティ，トラスト

これらの項目についても扱いの多寡はあるがすべての倫理指針で取り上げられている．ただし，5.1節，5.2節で述べたような（5）の表題の4項目の明確な関係が意識されて記述されているのは Ethically Aligned Design version2 以降の倫理指針である．トラストまでカバーするようになったのは Ethics Guidelines for Trustworthy AI，OECD Recommendation である．なお，人間中心の AI 社会原則で若干の言及がある．にもかかわらず，一般人に理解できる形での説明可能性やアカウンタビリティが技術的に相当困難であることの認識が浸透し始めており，その代替案としてのトラストがバズワード化してい

る現実がある.

(6) フェアネスと悪用, 誤用

フェアネスあるいは公平性について触れているのは, 人工知能学会倫理指針, 人間中心の AI 社会原則, Ethics Guidelines for Trustworthy AI, OECD Recommendation である. IEEE の Ethically Aligned Design version2 および first edition ではむしろ悪用, 誤用 (misuse) をいかに防ぐかという観点から "Awareness of misuse" という標語で具体的な提案を行っている.

(7) 安全性

AGI や超知能ではない現在ないし近未来の AI における安全性について直接的に言及しているのは, 人工知能学会倫理指針, AI ネットワーク社会推進会議：報告書, Ethics Guidelines for Trustworthy AI, OECD Recommendation である. これらは, AI の動作の予測可能性が崩れること, すなわち AI が当初の設計からみて予想外の動作を行う可能性に対する警告である. AI が人間に制御可能なツールであるという前提が崩壊しつつあることを認識し, 警鐘を鳴らしていると読める.

(8) 持続性

持続可能な開発目標 (Sustainable Development Goals: SDGs) という概念が社会に浸透しつつあることを受けて, AI も SDGs に貢献しようという政治目標が入ってくることは当然の流れである. 政策提言的な意味の強い Ethics Guidelines for Trustworthy AI, OECD Recommendation で強く主張されているのは当然の動きであろう. 日本の人間中心の AI 社会原則にも項目としては立てていないが, 全文の主旨には SDGs について書きこまれている.

(9) 独占禁止, 国際協調

特定の企業や国による AI 技術やデータ資源の独占への警鐘を鳴らしているのは人間中心の AI 社会原則だけである[24]. 一方、国際協調ないし開発組織間の協調は Asilomar AI Principles と人間中心 AI 社会

---

[24] 日本の経済的位置, 地政学的立ち位置を反映しているのかもしれない.

原則だけで言及されている．政治的ないし企業経営の観点からは難しい問題なので，あえて触れなかったのであろうか．

(10) 教育

AI に係わる一般人ないし専門家，開発者の教育の問題に触れているものは非常に少ない．具体的な AI 技術ないし AI が利用される状況把握のようなタイプの教育に直接提言しているのは，人間中心 AI 社会原則だけである．

(11) AI エージェント

情報が溢れかえり，複雑化する一方の情報を扱う社会において，生身の人間が対峙できる時代は終わりつつあるのではないだろうか．情報の氾濫する外界とインタフェースしてくれる AI による代理人，あるいは AI エージェントは各個人にとって不可欠な存在になることが予想される．すでに起こっていることは，家庭に入り込んできている AI スピーカがある．また個人情報を預けて運用を任せる情報ブローカあるいは情報銀行なども存在しており，これらは AI エージェントの一種と考えられる．AI エージェントについては最近の指針で言及されるようになってきた．例えば，Ethics Guidelines for Trustworthy AI や OECD Recommendation において間接的に触れられているが，IEEE Ethically Aligned Design first edition においては主要論点として Data Agency を取り上げ、Personal Data and Individual Agency の章でプライバシー情報を扱う具体的な AI エージェントの姿を記述している．

人間は生まれる前，すなわち胎児のときから DNA という個人情報を他者が知ろうと思えば知られてしまうし，成長して学校に通い，社会人として仕事をし，最後に退職して死にいたるまで，常に自分の外側にある膨大かつ複雑な情報の世界に係わり続けなければならない．図 5.8 に示すような「生まれてから死ぬまで自分の代理人」，あるいは「社会とのインタフェースとなってくれる」ような AI エージェントの開発は，今後の AI の利活用において，決定的に重要な応用分野になるであろう．

(12) 幸福の価値観

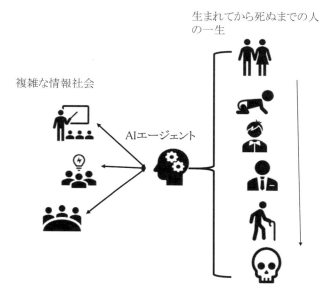

図 5.8　個人の AI エージェント

AI が人間の幸福，well-being を目標に開発，運用されるべきであるというのは，あまりに当たり前なので，強い直接的言及はないものの，否定的に書いている倫理指針はない．ただし，IEEE Ethically Aligned Design version2, first edition では，well-being の定義あるいは評価尺度について幅広く考察している点が特徴的である．

5.6 最後に

AI 倫理に関して公開されている指針は，その時期ごとの指導的研究者たちが議論して練り上げられた文書である．読み込むと AI の将来像に関するなんらかの知見や閃きが得られるかもしれない．

参考文献
[1] The IEEE Global Initiative on Ethics of Autonomous and Intelligent

Systems : Ethically Aligned Design version2: A Vision for Prioritizing Human Well-being with Autonomous and Intelligent Systems, 2018.

[2] The European Commission's High-Level Expert Group on Artificial Intelligence. "Ethics Guidelines for Trustworthy AI", April 2019.

[3] 崎村夏彦：プライバシーに配慮したパーソナルデータ連携実現に向けたプロトコルデザイン –OpenID Connect 設計におけるプラクティス –. 情報処理学会『デジタルプラクティス』，Vol.6 No.1, 21-28. 2015.

[4] The Future of Life Institute : Asilomar AI Principles, 2017.

[5] 人工知能学会倫理委員会：人工知能学会　倫理指針，2017.

[6] 総務省・AI ネットワーク社会推進会議：報告書 2017–AI ネットワーク化に関する国際的な議論の推進に向けて –，2017.

[7] The IEEE Global Initiative on Ethics of Autonomous and Intelligent Systems : Ethically Aligned Design（first edition）: A Vision for Prioritizing Human Well-being with Autonomous and Intelligent Systems, 2019.

[8] 人間中心の AI 社会原則会議，AI 戦略実行会議：人間中心の AI 社会原則，2019

[9] OECD Recommendation of the Council on Artificial Intelligence, OECD/LEGAL/0449, May 2019.

A.2 付録　各倫理指針の項目の要約

5章文献〔4〕：The Future of Life Institute：Asilomar AI Principles, 2017

提案された23原則：

1. AI研究の目標は、無秩序な知能ではなく有益な知能の開発である。

2. AIへの投資は、コンピューター科学、経済、法律、倫理、社会学の観点から有益と考えられる研究に向ける。

3. AI研究者と政治家の間で、建設的で健全な対話を行なう。

4. 研究者や開発者の間には協力、信頼、透明性の文化を育くむ。

5. AIの開発チーム同士での競争により安全基準を軽視することがないよう、チーム同士で協力しあう。

6. AIシステムはその一生を通して、できる限り検証可能な形で安全、堅牢であるべきである。

7. AIシステムが害をなした場合、原因を確認できるようにする。

8. 自動システムが司法判断に関わる場合、権限を持つ人間が監査し、納得のいく説明を提供できるようにする。

9. AIシステムの開発者は、システムの使用、悪用、結果に倫理的な関わりがあり、どう使用されるかを形作る責任と機会を持つべき。

10. 自動的なAIシステムは、目標と行動が倫理的に人間の価値観と一致するようデザインする。

11. AIシステムは、人間の尊厳、権利、自由そして文化的多様性と矛盾しないようデザイン、運営しなければならない。

12. AIには人間のデータを分析し、利用する力があるため、データを提供する人間は自分のデータを閲覧、管理、コントロールする権利が与えられる。

13. AI による個人情報の利用は、人間が持つ、あるいは持つと思われている自由を理不尽に侵害してはならない。

14. AI 技術は可能な限り多くの人間にとって有益で力をあたえるべきだ。

15. AI による経済的な利益は広く共有され、人類全てにとって有益であるべきだ。

16. 人間によって生まれた目標に関して、AI システムにどのように決定を委ねるのか、そもそも委ねるのかどうかを人間が判断すべきだ。

17. 高度な AI システムによって授かる力は、社会の健全に不可欠な社会課程や都市過程を阻害するのではなく、尊重、改善させるものであるべきだ。

18. 危険な自動兵器の軍拡競争が起きてはならない。

19. 一致する意見がない以上、未来の AI の可能性に上限があると決めてかかるべきではない。

20. 発達した AI は地球生命の歴史に重大な変化を及ぼすかもしれないため、相応の配慮と資源を用意して計画、管理しなければならない。

21. AI システムによるリスク、特に壊滅的なものや存亡の危機に関わるものは、相応の計画と緩和対策の対象にならなければならない。

22. あまりに急速な進歩や増殖を行なうような自己改善、または自己複製するようにデザインされた AI は、厳格な安全、管理対策の対象にしなければならない。

23. 超知能は、広く認知されている倫理的な理想や、人類全ての利益のためにのみ開発されるべきである。

5章文献［5］：人工知能学会倫理委員会：人工知能学会　倫理指針，2017

人工知能学会会員が守るべき倫理指針＋第9項目：

1. 人類への貢献
2. 法規制の遵守
3. 他者のプライバシーの尊重
4. 公正性
5. 安全性
6. 誠実な振る舞い
7. 社会に対する責任
8. 社会との対話と自己研鑽
9. 人工知能への倫理遵守の要請（AIにも会員と同じ倫理を持たせるべきという規程）

5章文献［6］：総務省・AI ネットワーク社会推進会議：報告書 2017

提案された原則：

1. 連携の原則——開発者は、AI システムの相互接続性と相互運用性に留意する。

2. 透明性の原則——開発者は、AI システムの入出力の検証可能性及び判断結果の説明可能性に留意する。

3. 制御可能性の原則——開発者は、AI システムの制御可能性に留意する．

4. 安全の原則——開発者は、AI システムがアクチュエータ等を通じて利用者及び第三者の生命・身体・財産に危害を及ぼすことがないよう配慮する。

5. セキュリティの原則——開発者は、AI システムのセキュリティに留意する。

6. プライバシーの原則——開発者は、AI システムにより利用者及び第三者のプライバシーが侵害されないよう配慮する。

7. 倫理の原則——開発者は、AI システムの開発において、人間の尊厳と個人の自律を尊重する。

8. 利用者支援の原則——開発者は、AI システムが利用者を支援し、利用者に選択の機会を適切に提供することが可能となるよう配慮する。

9. アカウンタビリティの原則——開発者は、利用者を含むステークホルダに対しアカウンタビリティを果たすよう努める。

5章文献［1］: The IEEE Global Initiative on Ethics of Autonomous and Intelligent Systems : Ethically Aligned Design version2: A Vision for Prioritizing Human Well-being with Autonomous and Intelligent Systems, 2018

目標 :

1. Human Rights
2. Well-being
3. Accountability
4. Transparency
5. Awareness of misuse

章立て :

1. Executive Summary
2. General Principles
3. Embedding Values Into Autonomous Intelligent Systems
4. Methodologies to Guide Ethical Research and Design
5. Safety and Beneficence of Artificial General Intelligence (AGI) and Artificial Superintelligence (ASI)
6. Personal Data and Individual Access Control
7. Reframing Autonomous Weapons Systems
8. Economics/Humanitarian Issues
9. Law
10. Affective Computing
11. Classical Ethics in Artificial Intelligence
12. Policy
13. Mixed Reality
14. Well-being

5 章文献 ［7］ The IEEE Global Initiative on Ethics of Autonomous and Intelligent Systems : Ethically Aligned Design（first edition）: A Vision for Prioritizing Human Well-being with Autonomous and Intelligent Systems, 2019

主要論点 :

1. Human Rights
2. Well-being
3. Data Agency
4. Effectiveness
5. Transparency
6. Accountability
7. Awareness of Misuse
8. Competence

章立て :

1. From Principles to Practice
2. General Principles
3. Classical Ethics in A/IS
4. Well-being
5. Affective Computing
6. Personal Data and Individual Agency
7. Methods to Guide Ethical Research and Design
8. A/IS for Sustainable Development
9. Embedding Values into Autonomous and Intelligent Systems
10. Policy
11. Law

5章文献［8］：人間中心の AI 社会原則会議，AI 戦略実行会議：
人間中心の AI 社会原則, 2019
提案された原則：

1. 人間中心の原則
2. 教育・リテラシーの原則
3. プライバシー確保の原則
4. セキュリティ確保の原則
5. 公正競争確保の原則
6. 公平性、説明責任及び透明性の原則
7. イノベーションの原則

5章文献［2］：The European Commission's High-Level Expert
Group on Artificial Intelligence. "Ethics Guidelines for Trustworthy AI", April 2019
メタレベルの目標：法令遵守，倫理的，ロバスト性
推進すべき項目：

1. Human agency and oversight
2. Technical robustness and safety
3. Privacy and data governance
4. Transparency
5. Diversity non-discrimination and fairness
6. Societal and environmental well-being : Sustainable and environmentally friendly AI.
7. Accountability

5 章文献［9］OECD Recommendation of the Council on Artificial Intelligence, OECD/LEGAL/0449, May 2019

技術的目標：

1. inclusive growth, sustainable development and well-being
2. human-centred values and fairness
3. transparency and explainability
4. robustness, security and safety
5. accountability

政策的目標：

1. investing in AI research and development
2. fostering a digital ecosystem for AI
3. shaping an enabling policy environment for AI
4. building human capacity and preparing for labour market transformation
5. international co-operation for trustworthy AI

索　引

【人名】

■ あ行

新井紀子 …………………………… 56
ウィノグラード，テリー …………… 54
ウェールズ，ジミー ………………… 56
オズボーン ………………………… 24

■ か行

カーツワイル，レイ ………………… 2
カービー，ジュリア ………………… 31
ゲイツ，ビル ………………………… 53

■ さ行

サール，ジョン ……………………… 55
坂村健 ……………………………… 53
サンガー，ラリー …………………… 56

■ た行

ダベンポート，トーマス …………… 31

デカルト …………………………… 10
ドレイファス，ヒューバート ……… 55

■ は行

ハラリ，ノア ………………………… 8
ヒントン，ジェフリー ……………… 60
ブリン，セルゲイ …………………… 55
ブルックス，ロドニー ……………… 66
フレイ ……………………………… 24
フローレス，フェルナンド ………… 55
ペイジ，ラリー ……………………… 55
ボストロム …………………………… 4

■ ま行

マッカーシー，ジョン ……………… 47

【事項】

■ A

Accountability …………………… 140
affirmative action ………………… 151
AGI …………………………………… 4
AI …………………………………… 46
AI 依存 ……………………………… 27
AI エージェント ………………107, 162
AI 技術 ……………………………… 27
AI 脅威論 …………………………… 1
AI システム ………………………… 38

AI スピーカ ………………………… 112
AI 製品 ……………………………… 142
AI トレーダー ……………………… 84
AI トレーダーのアルゴリズム……… 85
AI ネットワーク社会推進会議：報告書
　　……………………………………… 158
AI のブーム ………………………… 46
AI の冬の時代 ……………………… 46
AI のブラックボックス化 ………… 35
AI パワハラ ………………………… 155

AI 兵器	160
AI 倫理	157
AI 倫理指針	158
AI ロボット	111
ALAPC レポート	48
AlphaGo	63
Artificial Intelligence	46
arXive	26
Asilomar AI Principles	158
Autonomous Weapon Systems	127
Awareness of misuse	161
AWS	127
Azure	27

■ B

bias 150

■ C

Cambridge Analytica 91
context 69

■ D

DARPA 116
Data Collection by Design 73
Defense Advanced Research Projects
　Agency 116
DNN 61
DNT 98
Do Not Track 98

■ E

EAD 127
ELIZA 110
Ethically Aligned Design (first edition)
　......... 158
Ethically Aligned Design version2 · 158

Ethics by Design	156

Ethics Guidelines for Trustworthy AI
　......... 141, 158
Explainabilty 137

■ F

Fairness 149
Federal Trade Commission 98
FLI 126
FTC 98
Future Life Institute 125

■ G

GAFA 90
GDPR 35, 92
GDPR 17 条 99
GDPR 22 条 36, 97
General Data Protection Regulation
　......... 92
Google 55
Google Scholar 26
Google 翻訳 62
GUI 49

■ I

IA 46
IEEE Ethically Aligned Design version 2
　......... 127
IEEE の EAD 128
if-then-else 35
if-then ルール 49
if-then ルールの連鎖 50
IMDb 94
Intelligent Amplifier 46
Intelligent Assistance 46
IoT 15, 112

IT 化 ………………………………… 32
IT 企業 ……………………………… 89
IT 技術 ……………………………… 32
IT プラットフォーマ ……………… 90

■ K
k- 匿名化 ………………………… 103

■ L
Lethal Automatic Weapon System:LAWS ……………… 125
LISP ………………………………… 48
Long Short-Term Memory ………… 81
LSTM ……………………… 62, 81

■ M
MYCIN ……………………………… 50

■ N
Narayanan ………………………… 93
Netflix ……………………………… 93
Neural Network …………………… 60

■ O
OS …………………………………… 53

■ P
Prolog ……………………………… 52
Python ……………………………… 27

■ R
Recommendation of the Council on Artificial Intelligence …………… 158
Reframing Autonomous Weapons System …………………………… 127
RNN ………………………………… 62

■ S
SDGs ……………………………… 161
SHRDLU …………………………… 54
Siri ………………………………… 128
SNP ………………………………… 113
SNS ………………………………… 90
Sony の AIBO …………………… 111
subsumption architecture ………… 66
Sustainable Development Goals …… 161
SVM ………………………………… 73
symbol grounding problem ………… 17

■ T
Transparency ……………………… 136
TRON ……………………………… 53
trust ……………………………… 136

■ W
Web 閲覧履歴 ……………………… 90
well-being ………………………… 163
Wikipedia ………………………… 56
Windows …………………………… 53

■ X
XAI ……………………………… 35, 137

■ あ行
アート ……………………………… 30
アカウンタビリティ ……………… 140
アクシオム社 ……………………… 97
悪用 ………………………………… 161
アシロマの原則 …………………… 127
アナロジー ………………………… 30
アニミズム ………………………… 8
アファーマティブアクション ……… 151
アルゴリズム …………………… 12, 38

索　引　**175**

暗号化……………………………104
安全管理措置……………………104
アンドロイド……………………111
アンフェア………………………155
囲碁ソフト…………………………63
意識…………………………12, 13
異常検知技術………………………87
異常予測検知システム……………88
一意絞り込み………………………94
一塩基多型………………………113
位置情報…………………………112
一般データ保護規則…………35, 92
遺伝子………………………………11
遺伝情報差別禁止法………………95
移動の履歴…………………………90
意味解析……………………………65
意味理解……………………………65
インターネット検索エンジン……53
インタフェース機能………………37
ウィキペディア……………………56
後ろ向き推論………………………50
運転士………………………………40
エキスパートシステム……………49
オプトアウト………………………92
思いつき……………………………30
音声認識…………………………128

■ か行

介護援助ロボット…………………38
開示要求…………………………136
開発主体…………………………140
係り受け関係………………………65
学習…………………………………47
学習データ提供者………………140
仮名化……………………………102
かな漢字変換………………………48

仮 ID…………………………92, 102
関数型プログラム言語……………48
機械学習………………………31, 57
機械翻訳………………………48, 62
記号化………………………………15
記号接地問題……………17, 55, 68
逆差別……………………………151
共感能力……………………………37
教師なし学習……………………118
クオリア………………………………4
クラスタ…………………………118
クラスタリング…………………118
グループ・プライバシー………112
経済的合理性………………………38
計算機科学一般……………………47
決定リスト………………………138
ゲノム………………………………95
ゲノム情報…………………………95
厳格責任……………………………86
検索エンジン………………………26
ケンブリッジ・アナリティカ……91
行動ターゲッティング広告………90
構文解析……………………………65
公平性…………………………145, 149
交絡因子…………………………153
高齢者介護…………………………37
個人識別……………………………94
個人識別性………………………102
個人識別能力……………………102
個人識別符号……………………102
個人情報…………………………102
個人情報保護法…………………154
個人データ………………………101
コミュニケーション能力…………36
誤用………………………………161

■ さ行

サポート・ベクター・マシン	73
時系列	62
自己改造	47
自然言語処理	27, 47
持続可能な開発目標	161
持続性	161
芝麻信用	96
シミュレーション	27
シミュレータ	35
自由主義	21
出資者	140
消去要求	100
情報化	15
情報銀行	162
情報ブローカ	162
自律兵器	127
シンギュラリティ	2
人工知能学会倫理委員会：人工知能学会 倫理指針	158
心身二元論	10
深層学習	57, 61
身体性	5
推薦サービス	93
推薦システム	25
推論	47
数理論理学	48
スタックスネット	121
ストックホルム・シンドローム	14
スパイウェア	111
制御可能性	159
政策立案者	159
製造物責任	86
生命体	12
説明可能性	137
説明可能な AI	35
説明責任	140
戦時国際法	123
戦争の倫理	122
専門家	51
相互作用	14
創造性	47
素材データ	142

■ た行

ダートマス会議	47
第 1 次 AI ブーム	48
第 2 次 AI ブーム	55
第 3 次 AI ブーム	57
大規模対訳コーパス	130
大規模ルール集合	51
大局観	32
第五世代コンピュータ	52
第三者提供	92
対人関係	37
対人的なスキル	37
妥当性	145
知識獲得	53
知識重視派	70
知識ベース	49, 51
致死性自動兵器	121, 125
知的操作	48
知的存在	6
知的能力	46
知能	12, 13
抽象化	47
超知能	4
追跡拒否	98
ツール	33
ディープフェイク	120
提供先基準	103
提供元基準	103

索 引　**177**

データ	13		濡れ衣現象	104

データ依存 31

データ教 11

データサイエンティスト 31

データ至上主義 10

データ収集・バイ・デザイン 73

データ主体 35

データのバイアス 150

データの分析 31

テキスト 62

テキスト理解 65

テクノ人間至上主義 10

デュアルユース 129

転移学習 38

統計学 60

統計的機械翻訳 62

統計分析 31

統計翻訳 130

透明性 136

匿名化 93, 103

匿名加工情報 92

匿名加工情報化 94

トラスト 136

ドローン 121

■ な行

名宛人 158

内部告発 156

内部動作 35

名寄せ 90

ニューラルネット 47

ニューラルネットワーク 60

入力教師データ 140

人間至上主義 9

人間中心のAI社会原則 158

濡れ衣 104

■ は行

パーセプトロン 60

バイアス 150

排他的論理和 60

バックドア 112

発見 47

パワー重視派 70

反AI 55

汎用AI 4

比較衡量 99

ビジネスモデル 31

非単調性 52

非単調論理 53

ビッグデータ 31, 38

ビッグデータ処理 115

百科事典 56

ヒューマン2.0 22

閃き 30

ファイナンシャル・アドバイザー 31

フィルターバブル 117

フェアネス 149

フェイクニュース 119

付合契約 106

不法行為責任 86

プライバシー保護 89, 101

プライバシー漏洩 112

ブラックボックス化 28

プラットフォーマ 94

フレーム問題 17, 69

プロファイリング 36, 89

文脈 69

分類木 138

ベイズ最適化 27

閉世界仮説 53

並列マシン ……………………………… 52
ベーシックインカム …………………… 42
包摂アーキテクチャ …………………… 66
ボット …………………………………… 3
ホモ・デウス …………………………… 8, 10

■ **ま行**

マイクロソフト ………………………… 53
前向き推論 ……………………………… 50
マルウェア ……………………………… 111
民主主義 ………………………………… 21
無用者階級 ……………………………… 10

■ **や行**

要配慮情報 …………………………… 112, 154
予見可能性 ……………………………… 144

■ **ら行**

ランキング ……………………………… 95
利己的な遺伝子 ………………………… 7, 11
利己的なデータ ………………………… 11
利得と損害のバランス ………………… 148
利用者のリテラシー …………………… 120
倫理指針 ………………………………… 141
ルーチンワーク ………………………… 25
ロングテール …………………………… 38
論理的推論 ……………………………… 48
論理的プロセス ………………………… 137

■ **わ行**

ワードプロセッサ ……………………… 48
忘れられる権利 ………………………… 99

索　引　**179**

著者紹介

中川 裕志（なかがわ ひろし）

1975 年	東京大学工学部電気工学科卒業
1980 年	東京大学大学院工学系研究科電機工学専攻修了．工学博士
1980 年	横浜国立大学工学部講師
1981 年	横浜国立大学工学部助教授
1994 年	横浜国立大学工学部教授
1999 年	東京大学情報基盤センター教授
2003 年	東京大学大学院学際情報学府兼担
2004 年	東京大学大学院情報理工学系研究科数理情報学専攻兼担
2018 年	東京大学名誉教授
同　年	理化学研究所 革新知能統合研究センター 社会における人工知能研究グループ グループディレクター

専門分野は人工知能，プライバシー保護，人工知能倫理など．著書に『東京大学工学教程情報工学：機械学習』（単著，丸善出版），『プライバシー保護入門 ―法制度と技術―』（単著，勁草書房），『言語の数理（第1章 数理言語学）』（共著，岩波講座「言語の科学」第8巻），『電子計算機工学』（単著，朝倉電気・電子工学講座17）．

裏側から視るAI　脅威・歴史・倫理

ⓒ 2019　Hiroshi Nakagawa　　　　　　　　　　　　Printed in Japan

2019 年 9 月 30 日　初版第 1 刷発行

著　　者	中川裕志
発行者	井芹昌信
発行所	株式会社 近代科学社
	〒162-0843　東京都新宿区市谷田町 2-7-15
	電話 03-3260-6161　振替 00160-5-7625
	https://www.kindaikagaku.co.jp

藤原印刷　　　ISBN978-4-7649-0599-3
定価はカバーに表示してあります．